天気と気象について
わかっていること
いないこと

ようこそ、
そらの研究室へ

筆保弘徳／芳村 圭 編著

稲津 將／吉野 純／加藤輝之／
茂木耕作／三好建正 著

はじめに

雨上がりのある日、広々とした公園に出かけると、吸い込まれるような大きな空が待っていて、色鮮やかな虹がかかり、ふわふわと綿菓子のような雲が流れています。ぼんやりと見上げていると、西の空は茜《あかね》色に染まりはじめ、いつの間にか黄昏《たそがれ》時。「どうして雨は降るのだろうか？」「どうして空は青く、夕焼けは赤いのだろう？」「どうして雲は浮かび、虹は七色なのだろう？」……。子どものころは、多様に変わる空の現象を不思議に思い、そのなぞ解きをわくわくしながら楽しんでいた、という方も多いでしょう。しかし残念なことに、大人になるにつれて、時折出会う空の美しさに気づいたとしても、日々の忙しさにまぎれて、空を眺めて不思議に思ったりする時間がもてなくなったのではないでしょうか？

天気の疑問を解き明かすのが「気象学」です。気象学は、小学校や中学校では、理科の一単元として私たち全員が学んできました。けれども、高校になると、気象学は地学という科目の一部となり、地学を履修した生徒でなければ気象学を教わることはありません。地学教員が不足している現状から、物理、化学、生物は選択できても、地学は選択できないという学校が多いようです。つまり、高校以降、気象学を勉強する機会は極端に少なくなります。大学でも地球科学を専攻しなければ、ほとんどの人は、空のカラクリを詳しく学べないまま大人になり、目の前で起きている空の現象に興味をもったり深く考えたりする時間を失っていくようです。

しかし、集中豪雨や台風、竜巻、爆弾低気圧といった、日々のニュースや天気予報でよく耳にする大気の現象は、社会に甚大な被害をもたらし、毎日の生活に大きな影響を与えます。皆さんは、そのひとつひとつの現象のメカニズムをご存じでしょうか？　これらの現象は、現代の気象学でどこまで予報することが可能なのでしょうか？　「難しそうだけど、天気のこと、気象のこと、ちょっと知りたい！」という興味の芽が伸びてきませんか？　子どものころのように……。

そのような芽を育てたいという思いを込めて、本書は完成しました。この本では、さまざまな空の現象を解説し、現代の天気予報のしくみを紹介しています。読者のたくさんのニーズに応えられるように、この一冊のなかに幅広い気象学のトピックスを用意しました。各章は関連しながらも、独立して読めるようになっているので、好きなところから読んでもかまいません。ちょっと難しいところもありますが、立ち止まらずに、気楽に読んでいただければと思います。

編者が出版社から一般向けの気象に関するこの本の執筆依頼を受けたとき、どうせならこれまでにない書籍をつくりたいと考え、とある企てを提案しました。コードネームは「空企画」。空企画では、気象学の基礎的なことを伝えるだけでなく、もっと違った視点から童心のように空の探求を楽しめるような本にしたい、というチャレンジを盛り込みました。そこで、各分野で活躍する新進気鋭の若手の気象研究者を選び、それぞれの研究の世界から、気象学の最先端の情報を伝えてもらうようにお願いしました。その結果、いままさに気象学の最前線に立っている研究者だからこそ知っている、集中豪雨や台風などの現象はどこまでわかっていて、どこがまだわかっていないのか、天気予報の技術はどこまで進んでいるのかなど、現在進行形の気象学研究の世界を伝える本に仕上がりました。

さらに、この本にはひとつの仕掛けがあります。それは、章の内容とは別に設けた短いコラムです。コラムには、各章の執筆者が、「どういった経緯で気象学を志し、研究者になったのか」「今はどんなことに興味をもって研究をやっているのか」など、それぞれが研究者になった動機や今の探究心を伝えています。多くの読者には、若手研究者の経験談から、気象学の研究は身近なところからはじまっていることが感じられるのではないでしょうか。読者のなかから、将来、気象学の研究者になりたい！　と夢をもってくれる人がいれば、執筆者一同、望外の喜びです。

すでに多くの天気や気象に関わる書籍が出版されています。しかし、本書のように、気象研究の最前線に身をおく若手研究者が集まって執筆した本は、おそらくこれまで例がありません。将来、日本の気象学を牽引するであろう若手研究者だから書ける、他に類を見ない面白い本になりました。
子どものころに空を見上げてワクワクしたことを思い出すような、そんな「そらの研究室」にご招待いたします。

2013年3月

筆保 弘徳
芳村 圭

天気と気象についてわかっていることいないこと　目次

第2章　台風の研究――筆保 弘徳

第3章　竜巻の研究――吉野 純

第4章　集中豪雨の研究──加藤 輝之

第5章　梅雨の研究——茂木　耕作

第6章　水循環の研究――芳村 圭

第7章 天気予報の研究――三好 建正

第１章

温帯低気圧の研究

著者の研究室
（北海道大学理学８号館）
より撮影した手稲山。

1　気候系の「ホットスポット」

気候系の「ホットスポット」

海から空へと立ち昇る火炎か閃光か。いいえ、図1・1は熱のイメージです。英国の学術雑誌『ネイチャー』の表紙を飾った論文により、中緯度の海に鮮烈なエネルギーの源が発見されました（Minobe et al., 2008）。海から空気への莫大な熱の供給は、中緯度では、日本の太平洋岸の黒潮や、米国の東海岸のメキシコ湾流などの限られた海域で起こっています。いったいどういう気象がこの「ホットスポット」で起こるのでしょうか[ii]？

注意をひとつ。ホットスポットは、いまや放射性物質汚染の激しい地域をさす言葉としてすっかり世間に広まりました。ただし、地球科学におけるホットスポットのもともとの意味は、マグマがマントル上部から地殻を突き破って地表で火山をつくる場所のことです。大気と海洋の関係をマントルと地殻の関係になぞらえ、ここではホットスポットを、中緯度において海からの熱が気象に影響を与える、もしくはその可能性がある場所として象徴的に用いることにします。

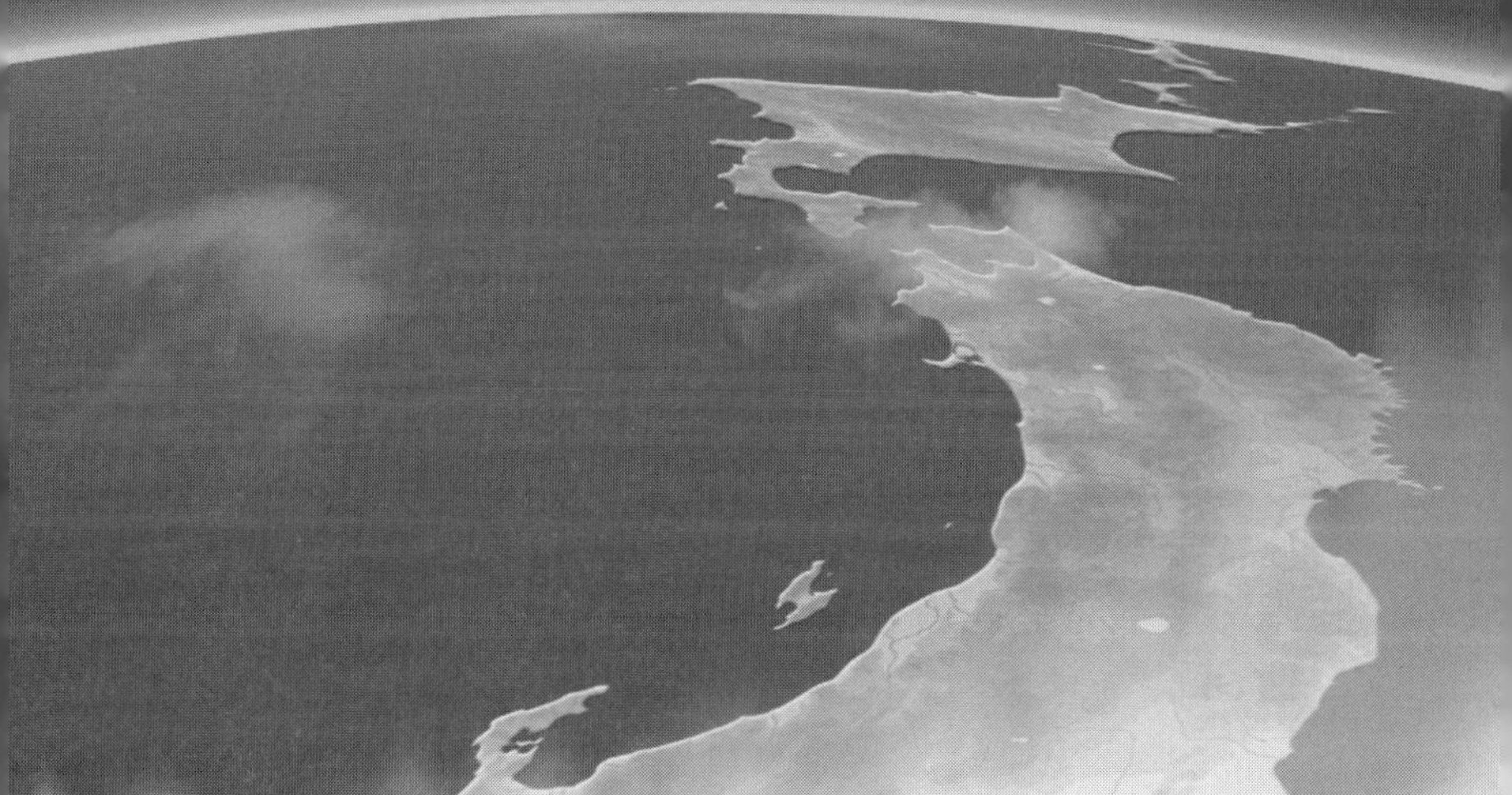

図 1.1　気候系の「ホットスポット」海域から大気へ放出される熱。

わかってきた中緯度海洋の役割

「あれ、海洋？　この章は、天気予報でおなじみの温帯低気圧の話じゃなかったっけ？」という方へ。気候系のホットスポットでの熱供給が、地球をめぐる大気の流れにどのような影響をもたらすか？　これは日本がリードする最先端の研究テーマなのです。そして、北半球の冬（およそ11月から3月）は、温帯低気圧が気候系のホットスポット研究のキーワードとなります。ここは「そらの研究室」、従来のお天気解説の枠にとらわれず、まずは海から空を見上げてみましょう。

前述のとおり、気候系のホットスポットは、中緯度において、日本の太平洋岸の黒潮や米国東海岸のメキシコ湾流などの限られた海域をさします。海域の幅はせいぜい100キロメートル程度、ここに他の海域に比べ100倍も速い海流が集中し、南方から暖かい海水をどんどん運んできます。日本や米国が位置する中緯度帯まで暖かい海水が運ばれると、そこに待ち受けた寒風が暖かい海水から大量の熱を奪います。さらに、海の水は蒸発して水蒸気になります。とくに冬にはそれが顕著です。熱の影響は海面付近にとどまらず、上空約10キロメートルにまで達するとされています。

じつは、これまでの定説は、中緯度において、海洋の温度が上がったり下がったりするのは大気の影響によっていて、海洋から多くの熱や水蒸気が出ても、その大気への影響は地表面付近に限られる、というものでした。たしかにこの定説は、中緯度の多くの海域における海洋の効果を説明します。しかし、気候系のホットスポット海域ではその定説が覆ろうとしています。

前線と前線

気候系のホットスポットで放出された熱は、海表面にとどまることなく、上空の高いところに達して、さらには大気の大きな流れに影響を及ぼすのでしょうか？　その結論は、残念ながらまだ出ていません。本項では目下の研究で考えられている仮説のひとつを紹介し、次項ではその仮説を検証する取り組みについて紹介します。なお、話を簡単にするため、以降、本章では、北半球の冬に限定し、身近な気候系のホットスポット、日本の沿岸で話をすすめます（図1・2）。

日本の南から暖かい海水を運んでくる黒潮は、九州から本州の太平洋岸に沿って流路を北東方向にとります。ときに気まぐれに、紀州沖などでクネっと蛇行したりしながら。そして千葉県の銚子沖あたりで日本の沿岸から離れ、流路を真東に変え、そのまま太平洋を横断するのです。一方、日本の北からは、親潮と呼ばれる南西向きの流れが、北海道・東北の太平洋岸に沿って冷たい海水を運んできます。この親潮は三陸沖で流路を真東に変えます。

冷たい親潮と暖かい黒潮は三陸沖と銚子沖のあいだで、せめぎ合い、からみ合い、あるいは混じり合っています。海表面の温度は、黒潮と親潮が対峙するこの緯度帯で南北に大きく変化する

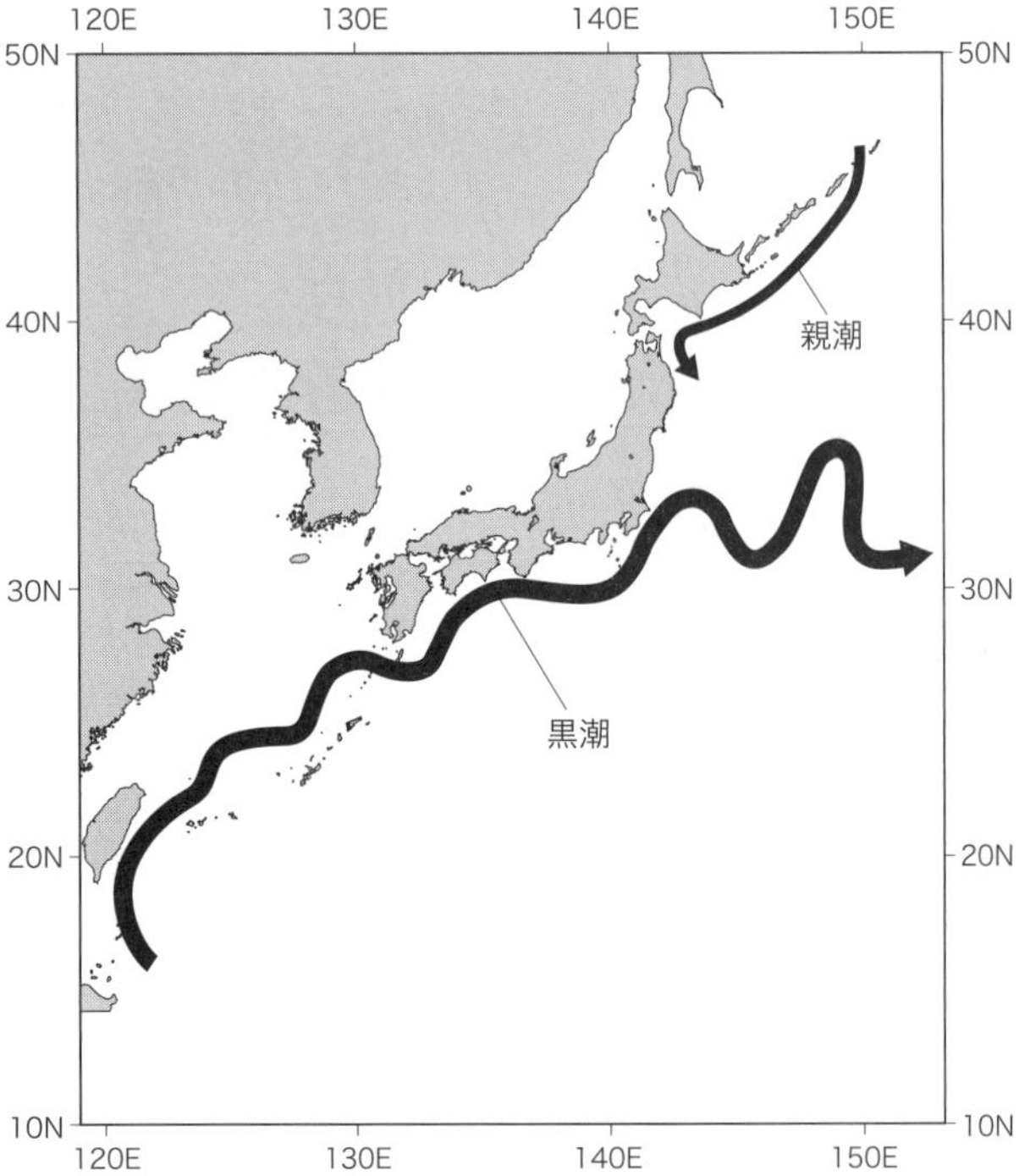

図 1.2　日本付近を流れる海流。

のです。この暖かい黒潮と冷たい親潮の衝突は、日本の沖合から東へ約5000キロメートルも続いています。この東西に帯状にのびる海域を海洋前線と呼びます。世界にはこのような海洋前線が、日本の沿岸の黒潮・親潮のほか、米国の東海岸のメキシコ湾流、アルゼンチンの沖合のマルビナス・ブラジル海流、そしてアフリカ・マダガスカルの南のアガラス反転流の4か所にあります。いずれの場所も大気が冷たく吹きつける中緯度帯まで暖かい海水が運ばれて、とくに海洋前線の南の縁で海が大気に大量の熱を供給しています。このように海が大気に熱を供給する場所と海洋前線の位置には若干のズレがあります。また、このズレは各地の海洋前線で少しずつ様相を異にしています。これより解説する仮説では、これらの細かな事情は気にせず、海洋前線とホットスポット海域は同じ場所にあると考えることにします。

さて、黒潮と親潮がつくりだす海洋前線は、すぐ上の空気の温度を変えます。つまり、海洋前線をはさんで、海上に暖かい空気と冷たい空気がつくられます。このような暖かい空気と冷たい空気の衝突は、天気図でみる大気の温暖前線や寒冷前線に相当します。これらの大気の前線は温帯低気圧に連れだってやってきますから、いつも同じ場所にとどまるわけにはいきません。ここで立てる仮説は、海洋前線上ではそのような大気の前線を好んでつくりやすいというものです。あるいは、温帯低気圧は海洋前線上を好んで通過しやすいとも言い換えられます。温帯低気圧はその中心の東側で上向きの風をともない（32ページ）、空気を上空へと運びます。海洋前線上には蒸発したての十分な水蒸気がありますから、これを上空へと強制的にもち上げれば、冷えて凝結します。大気中で、水蒸気が水に凝結すると、熱を発します。この熱を潜熱といいます（詳しくは142ページの解説）。それにともない雲ができて雨が降ります。

このように、温帯低気圧が海洋前線上を好んで通過しやすいとすれば、海洋前線上では海表面付近に熱がとどまらずに、温帯低気圧をかいして上空まで達していることの説明がつきます。温帯低気圧に影響があれば、さらに大気の大きな流れにも影響しそうです。このことについては、あとで触れるとして、ここでは海洋前線上の温帯低気圧までとしましょう。

至上最大の土木工事、あきらめ、シミュレーション

科学者の仕事とは、仮説を立てて、それを検証することにあるとするなら、前半は終わりました。後半です。海洋前線上で、温帯低気圧をかいして熱と水蒸気を上空に運ぶという仮説をどのように検証しましょう？　海洋前線がある場合とない場合とで実験をしよう、これが科学の定石です。実験で確かめられれば、それを証拠として、仮説を検証できるのです。

ここで、地球科学に特有の障壁が立ちはだかります。海洋前線を除きたいといっても、人工的に海面温度を変えるなど、どだい無理な話です。もしできたとしても、温度変化によって、どれだけの魚が犠牲になるかわかりません。同じような話はいくらでもつくることができます。たとえば、ヒマラヤ山脈は上空の西風に影響を及ぼしていると仮説を立てたとしましょう。ふつうの科学では、ヒマラヤ山脈を削ってみて、どうなるかを検証しよう、となります。しかし、そのような至上最大の土木工事は、いかなる大帝国も経済大国もやってのけることはできないでしょう。

そこで、登場するのがシミュレーションです（詳しくは26ページのコラム1）。幸い、大気の立ち振る舞いは、おおむね物理の方程式にのっとっています。そこで、この方程式をコンピュー

タで計算できるように近似し、しかるべき数値を入力すると、答えとしての数値が出力されるように仕立てます。これは、天気予報（第7章参照）でも大活躍の、コンピュータ上のバーチャルな地球で、数値気象モデルといいます。バーチャルな地球ですから、何をやってもいい。山を削ってもいいし、海の温度を上げても魚が死ぬことはありません。以降、本書には、数値気象モデル、数値気候モデル、数値予報モデルなど、モデルと名のつくものがたくさん出てきますが、すべてコラム1で述べる気象シミュレーションの道具で、その基本的な仕組みは同じです。

では、いよいよシミュレーションを使った仮説の検証です。海洋前線がある現実的な場合と、海洋前線がない非現実的な場合、つまり、海面温度が南北方向にゆるやかに変化するように海表面温度を変えた場合を考えましょう。海洋前線がある場合、温帯低気圧は海洋前線上に集中します（温帯低気圧の定量化は43ページで解説）。一方、海洋前線がない場合は、温帯低気圧は海洋前線の北の海洋と大陸の境目に多くあって、しかもその活動度は弱くなりました。海洋前線上で温帯低気圧が活発化するという仮説は、どうやらこのシミュレーション結果を詳しく解析することで検証できそうです。このテーマは研究の途上ですが、気候系のホットスポットの役割が解明される日も近いと期待しています。

本節は、海から大気への影響という、日本がリードする最先端の温帯低気圧研究とはいえ、意外な出だしでした。次節以降は、「気象学純情派」温帯低気圧そのものの研究です。

コラム1　モデルはかっこよく最先端

最新の流行を大胆に取り入れた華美な衣装をまとうのは、誰をも魅了する典雅な、ときに妖艶でもあるスター。舞台を歩めば、またたくフラッシュの光に、気丈な視線を送る。その姿は若者のファッション誌をいち早く飾る。

最新の技術を大胆に取り入れたプログラムを走らせれば、誰もが目にする予測もできるし実験もできる優れもの。大気の動きだけでなく、乱流に対流に太陽光にと気象を模擬する。その結果は査読を経て気象の学術雑誌に掲載される。

2つのモデルのイメージを並べてみました。前者はファッション界のモデルのイメージ、後者は気象のモデルのイメージです。どちらも「かっこいい」という形容詞が当てはまってほしいところです。

さて、モデルは、俳優へ転身し、ドラマや映画に出演することもしばしばです。気象モデルが何かに転身することはありませんが、その開発の歴史には壮大なドラマがあります。このコラムでは気象におけるモデルの解説のかたわら、その歴史をかいつまんでみるとしましょう。

千里眼、ビャークネス。ノルウェーの気象学者である彼は「物理法則による気象予測を実現し、気象学を社会に成果が還元できる精密科学にしよう」と1913年に提案しました。物理法則はたしかに現在のデータから未来の変化を計算できるかたちをしています。したがって、現在のデータを全世界、地上から上空まで、密にとれば、物理法則を使って気象予測が可能なのだと。当時はまだ、ライト兄弟が飛行機を飛ばして10年しか経っていないというのに、飛行機があれば上空の大気の観測ができるから、気象予測に必要なデータはそろうと考えたのです。

気象予測の計算を実行したのは1922年、イギリスの数学者であり気象学者のリチャードソンでした。ビャークネスの提案にしたがって、物理法則と実測データに基づいて計算したものの、その結果は非現実的な気圧変化を予測してしまう大失敗でした。リチャードソンがすばらしいのは、その計算の方法やその失敗の結果、また成功した暁には天気予報を実現する方法まで夢として記録に残したことです。

時がすすみ、戦後になって、世界初の汎用電子計算機ENIACが登場します、といっても現代の携帯電話にも劣る性能です。これで試行された計算のひとつが気象予測でした。このとき、リチャードソンと同じ失敗をしないように、あらかじめ誤差の非現実的な増幅を起こさないような物理法則を使いました。このような労苦の末、ようやく夢の気象予測が実現します。

その後、気象予測は全世界の長期間にわたる計算と、地域の短期間の予測の2つに分化します。とくに前者は気候計算と呼ばれます。

一方、後者は天気予報に代表されます。両者ともその基本となる原理は、物理法則をもとにした方程式と現在の観測データを組み合わせて、計算機を使って膨大な数値計算を行なうことにあります。後者の天気予報は第7章に詳しい解説がありますので、ここでは前者の気候計算に絞って、話を続けます。

気候計算は長期間を対象とするために、地球の気候をバランスさせる必要があります。気象の物理の式をコンピュータで解くには、世界を網目にして、その網目を代表する量だけを計算します。札幌や京都の市街地が碁盤の目状になっているのを世界に広げたようなイメージです。気象予測よりも長期間を対象とする気候計算の際には、「東京」と「横浜」程度の地域的な差異を考える必要はありません。したがって、その網目は通常100～200キロメートル程度の粗いものです（図）。当然、このような網目に区分すると、その網目よりも小さい気象が抜け落ちます。たとえば、100キロメートルの網目には積乱雲による集中豪雨などは収まりません。ところが、積乱雲や集中豪雨などは上空の冷たい空気と地表面付近の暖かい空気を混ぜる対流という役割を果たしており（第4章）、これなしには現実的な気候のバランスを再現することができません。

そこで、これらの網目より細かい気象を、網目の中に上手に取り込むことで、全世界の気候のバランスを再現することが可能になるのです。このように網目の中の現象を取り込むことをパラメタリゼーションといいます。パラメタリゼーションのなかでも、対流のパラメタリゼーションは、気候計算の当初より問題となっている部分です。これには戦後、米国に渡った日本人気象学者が大いに活躍しました。また、近年、対流のパラメタリゼーションが不要になるまで網目を細かくしてしまう新技術も、最新の高速計算機を駆使して実現しつつあります。

このように気候計算は長きにわたり日本人の貢献の大きな分野です。気候計算は地球温暖化予測に応用されることから、目下、モデル開発は世界各国で盛んです（日本では気象庁や東京大学などで開発されています）。とくに、網目を細かくすることやパラメタリゼーションの精緻化において、技術開発競争があります。

本書には、数値シミュレーションが幾度となく登場します。前述のとおり天気予報はおもに第7章で解説しますが、第4章の集中豪雨の予測や、第5章の梅雨にともなう降水の予測にも関係します。気候計算は、第1章の地球温暖化シミュレーション、第2章の台風シミュレーション、第6章の水循環研究でも利用されています。また、モデルの設

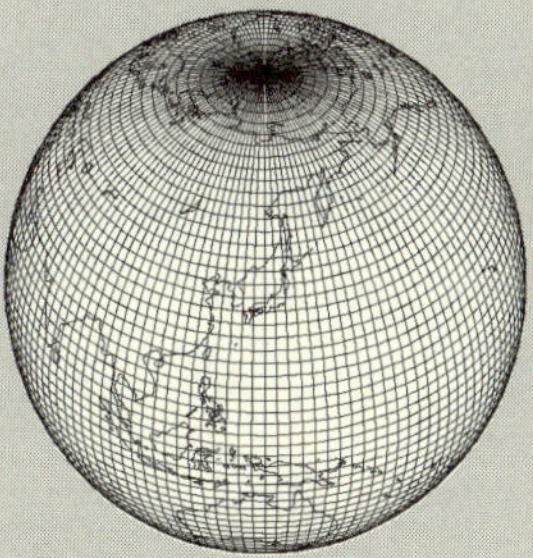

定を自由自在に変えた実験を行なう理想化実験と呼ばれる研究手法も気象学研究には重要です。本書では大気大循環（第1章）と竜巻（第3章）でその手法を紹介しています。

このようにモデルは最先端研究では欠かせない道具です。そらの研究室、はたして、かっこよく決まっているでしょうか？

2 真冬のなぞ、爆弾のなぞ

温帯低気圧の存在理由

温帯低気圧の存在理由《レゾンデートル》、ヒントは格差社会にあり。

日本も格差社会になったと声高に叫ばれています。所得格差が拡大すると、社会が不安定になりやすいことは多くの歴史的な革命や騒乱をみても明らかです。一握りの特権階級が国家の富の大部分をもっているという状況を打開しようとする民衆の感情は、善悪はともかく社会の不安定要因です。現代社会では、社会の安寧を保つために、税制や社会福祉政策などで所得格差是正が行なわれています。

この格差の話になぞらえて、気象の問題を考えてみましょう。地球はほぼ球体をしているため、太陽光線は赤道付近では昼間、頭上から照りつけますが、極付近は昼でも真横から照らされます。この違いのため、一年を平均して、赤道付近と極付近とでは、受け取る太陽光エネルギーに3倍以上の差が生じてしまうのです。もしも大気や海洋の運動がなく、太陽光エネルギーだけで地表面の温度分布が決まるとすれば、赤道と北極の地表気温は１００度以上の差が生じると計算されます。

大気や海洋の運動は、この赤道と極の間の太陽光エネルギー「格差」を解消する役割を担います。格差を解消するためには、熱エネルギーを赤道から極へ運ばなければなりません。中高緯度では、おもに温帯低気圧によって、赤道から極向きに熱が輸送されています。なお、低緯度では、前節で述べた海洋の運動と大気の熱対流によっています。赤道付近では地表面が暖まると空気が軽くなって強い上昇気流をつくりだします。この気流はまわりまわって赤道から亜熱帯へと流れ、ハドレー循環という、赤道から極向きへの熱輸送が実現します。

つまり、温帯低気圧の存在理由は、太陽光エネルギーの格差是正なのです。

チャーニー理論ダイジェスト

では、温帯低気圧はどうして発達するのでしょうか？　このことは、傾圧不安定論という気象理論により、すでに米国の気象学者・海洋学者、チャーニー博士が明らかにしています（Charney, 1947)。ただし、このチャーニー理論は低気圧と高気圧を十把一絡《じっぱひとから》げに気象擾乱《じょうらん》として扱いますから、正確には、中緯度の気象擾乱の発達理由は古くからよく知られている、ということです。ただ、チャーニー理論の原典は、理系大学生のトレーニングにもってこ

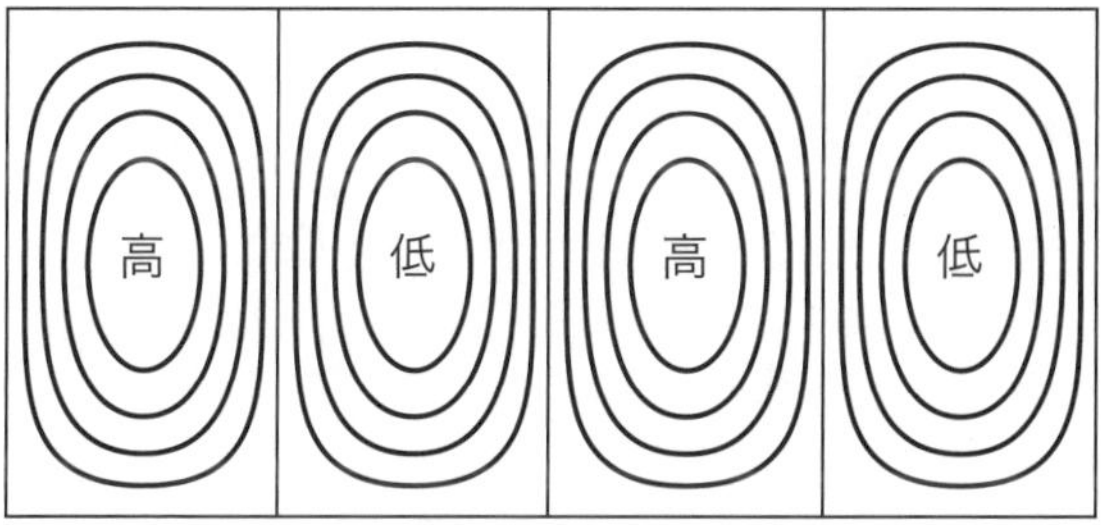

図 1.3　温帯低気圧の水平断面図。天気予報でよく見る天気図とほぼ同じものと考えてください。

いの複雑な数式が目白押し。ここでは、チャーニー博士の原典を紐解くことなく、その簡略版の計算結果、つまり「発達するパターンはこれ！」という答えをみてしまいましょう。ただし、本書は3Dではないので、2次元の紙面に3次元の低気圧構造を表す必要があります。そこで、野菜や果物を包丁で切るように、低気圧を縦に切ったり横に切ったりして、その断面をみることにします。

金太郎飴なら輪切りにして丸い断面を見るのがふつうでしょう。そのように見慣れた断面というのはあるものです。温帯低気圧の見慣れた断面は水平断面です（図1・3）。水平断面は通常の天気図と同じで、左右が西東に対応し、上下が北南に対応します。低気圧と高気圧が、ある緯度に東西方向に列をなして並んでいます。これほどきれいに並ぶことは現実には珍しいでしょうが、チャーニーの理論を理解するために、このような状況を考えます。さて、北半球の中高緯度では、高気圧のまわりを風は時計まわりに吹き、低気圧のまわりを風は反時計まわりに吹きます。つまり、低気圧の西では北風、低気圧の東では南風となります。ただし、たとえば北風は北から吹き込む風ですから、南向きです。このような高気圧や低気圧のまわりをグルグルまわる風を地衡風《ちこうふう》といいます。また、低気圧の中心気圧が低ければ低いほど、大きな風速をともないます。

図1・4はあまり見慣れぬ断面です。ふつう金太郎飴を縦に細長く切ることはしませんが、いろいろな切り口をみると中身がどうなっているのかよくわかります。この図は横軸が東西方向を表し、縦軸は地表面から上空までの高度を表します。このような図を東西鉛直断面図といいます。図1・4（上）は、等圧面高度の図を風と重ねました。等圧面高度というのは同じ気圧面での高さです。ややこしいですが、同じ気圧面での高さは同じ高度面での気圧と読み替えてもかまいません。また、気圧は高度とともに急に減少しますが、その分を除いて、図1・4（上）には同じ高度での気圧の違いを書いています。この図で地衡風について復習すると、図にあるような風の分布になることがわかります。また、上空へ行くほど低気圧の中心が西へずれた構造になっていることもわかります。

次に、空気の膨らみと気温の関係を見ましょう。気球の中の空気をゴーゴーとうなりをあげてバーナーで暖める。空気は暖めると膨張する性質を利用した例です。逆に、空気は冷やすと収縮します。図1・4に気圧が同じところを結んだ線（等圧線）を書くと、高気圧のあるところで上

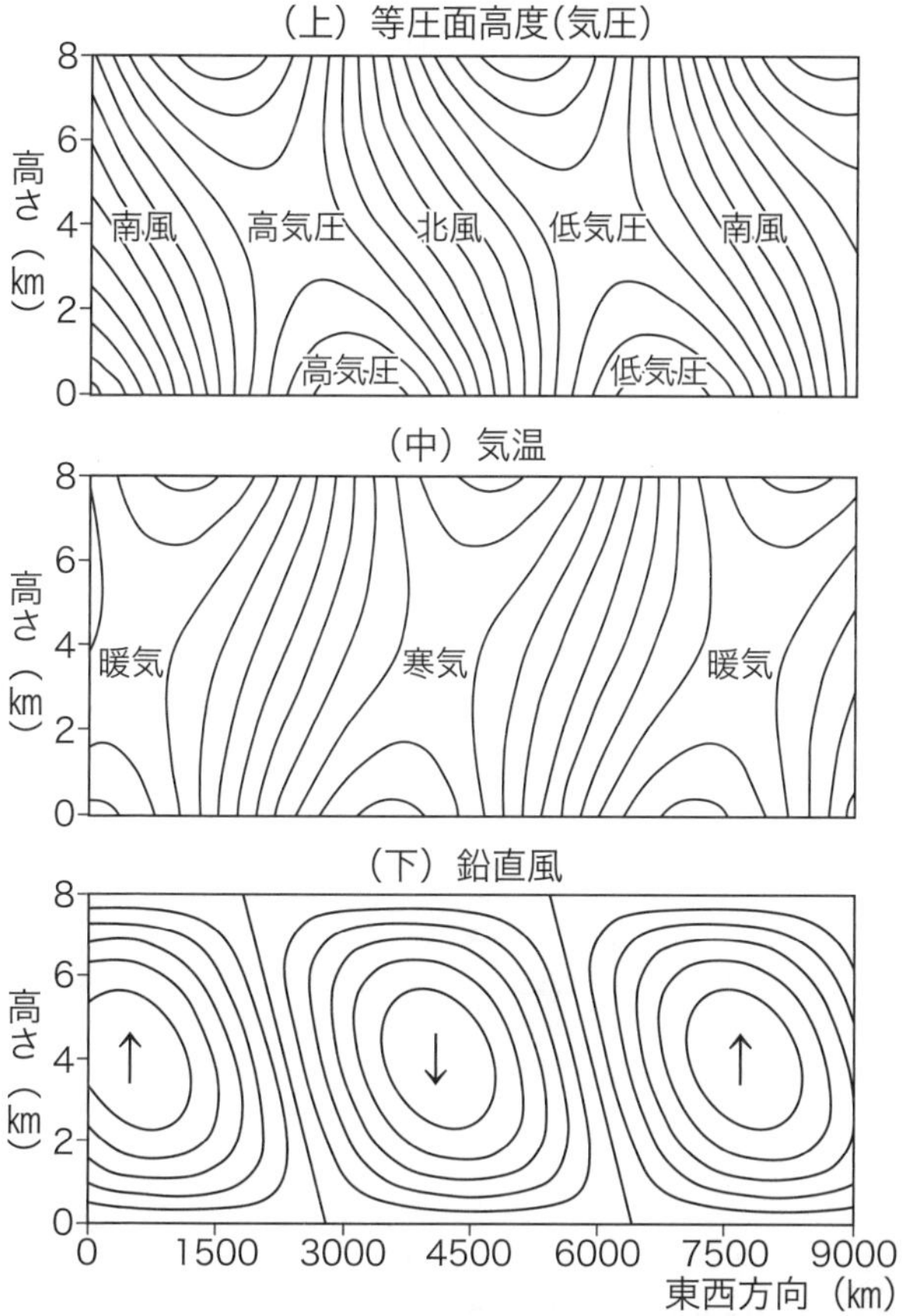

図 1.4　ジェット気流中にみられる温帯低気圧と移動性高気圧がどのような構造になるのかを計算した理論解。図の横軸は東西を表し、縦軸は高度を表します。（上）等圧面高度のずれ。近似的には同じ高度における気圧の相対的な高低とみなしてよいでしょう。（中）気温の相対的な高低。（下）鉛直風分布。矢印は上昇風と下降風を示します。

へ出っ張り、低気圧のあるところで下に凹みます。上空と地上付近の２本の等圧線に挟まれた空気を考えましょう。上空に高気圧（上への出っ張り）があって、地表に低気圧（下への凹み）があると、それに挟まれた空気は膨らんでいます。逆に、上空に低気圧があって地表に高気圧があると空気は縮んでいます。このように、上空と地表のあいだの気温は、前者は暖かく、後者は冷たいのです。図１・４（上）の対流圏中層における低気圧の西では、上空に低気圧があって、地表面に高気圧があります。この領域では空気が縮んでいます。ここは図１・４（中）の気温が相対的に冷たい領域とピタリ一致します。同様に、低気圧の東では空気が膨らんでいる領域となり、気温が相対的に暖かい領域となっています。ここまでをまとめると、上空にいくほど低気圧の中心が西へずれた構造となっていることで、図のような低気圧と高気圧をはさむ寒暖が生じるのです。

さいごに上昇流の構造です。地表付近の低気圧は、上空に比べ東に位置しています。地表付近では摩擦力の影響で低気圧の中心に向かって空気が集まり吹き込むので、行き場を失った空気は上空へと向かって上昇流になります（図１・４下）。逆に、地表付近の高気圧では風の吹き出しがありますから、空気がなくならないように上空から空気が流れてきます。上昇流・下降流も交えると、低気圧の東では上昇流で高温・南風、西では下降流で低温・北風という構造です。ここで示した発達する低気圧のすがたは、低気圧の接近中における南からの暖気の流入にともなう雨天と、低気圧通過後における北からの冷気の流入と晴天という私たちの経験とも合います。

したがって、図1・4のような発達する温帯低気圧は、冷たい空気を北から南へ運び、暖かい空気を南から北へ運びます。これは、前項で述べたように、赤道側で得た余分な太陽光エネルギーを極側へ輸送することにほかなりません。滑車の左右に極と赤道の空気を入れた箱がぶら下がっている状況を考えましょう（図1・5）。極の空気は冷たくて重く、赤道の空気は暖かくて軽いので、この状況は重い箱が上にあって軽い箱が下にあることになります。そうするとこの滑車は左の箱が下へ、右の箱が上へと動き出します。図1・5のように重いものが上にあれば、相対的な位置がエネルギーの源となります。これを位置エネルギーといいます。太陽光で過剰に暖められる赤道の空気と太陽光が不足する極の空気が、地球上でこのような滑車にぶら下がっているように考えることができます。温帯低気圧の活動は、この位置エネルギーを小さくします。エネルギー保存の法則を考えると、減少した位置エネルギーのやり場を考えねばなりません。それが温帯低気圧自身の運動エネルギーへと転換されます。運動エネルギーは風速の2乗に比例

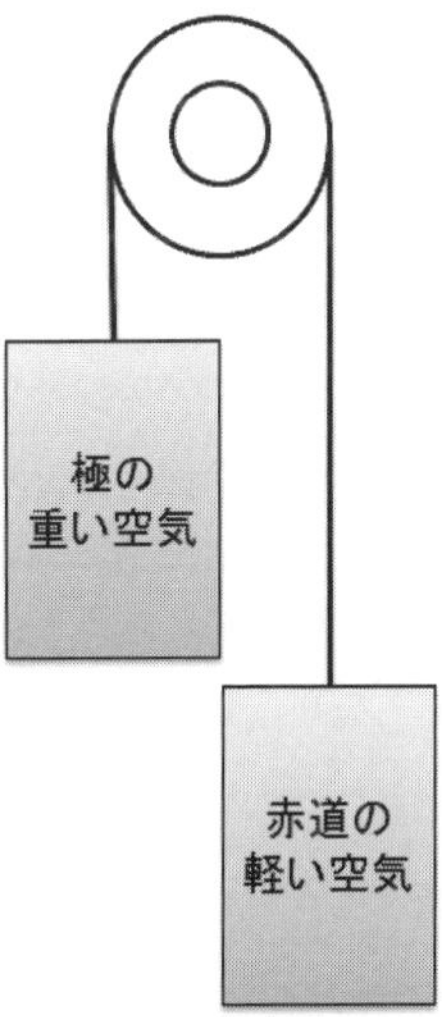

図 1.5
滑車にぶら下がった極と赤道の空気の箱。図の状態から空気の箱は上下に動きます。これは位置エネルギーが運動エネルギーに変わることを意味します。

します。風と気圧の地衡風の関係から、風が強く吹く温帯低気圧の中心気圧は低いのです（この理論だけだと、高気圧の中心気圧の上昇に対応してもかまいませんが、それが現実的でないことは、40ページで示します）。したがって、南北の気温差が大きい中緯度帯で温帯低気圧はよく発達するのです。

日本の真冬の特殊性

梅や桜の開花、うぐいすの初鳴、そして出会いと別れ。春は自然のぬくもりが人生の転機と重なります。この日本の情緒は、冬から春にかけての三寒四温という気象がもたらします。3日間の寒い日と4日間の暖かい日を周期的に繰り返しながら、季節が移行していくのです。ただし、その周期は、1年や1日のような天文学的にズレないものとは違い、「二寒三温」にも「四寒五温」にもなりえるような幅があるものです。この気象状態は、温帯低気圧と移動性高気圧が西から東へ移動し、日本付近を交互に通過することによります。

これまでの議論では、極と赤道の温度差を解消するように温帯低気圧が発達する、ということでした。極側の気温がもっとも低下する真冬に、この気温差はもっとも大きくなります。したがって、温帯低気圧の活動度は、極と赤道の気温差がもっとも大きな真冬に最大となるはずです。にもかかわらず、日本付近の温帯低気圧の活動度は実測では真冬にいったん弱くなります。冒頭のことわざ、三寒四温は春先の話であって、真冬は日本の西に高気圧、東に低気圧がある、西高東低の気圧配置の日が多くなります。つまり、日本の真冬はチャーニー理論と一見、矛盾する特殊な気象なのです。はたして、どういうことなのでしょうか?

この問題を解決したのは、東京大学の中村尚教授のグループです。彼らは、この問題の本質が温帯低気圧の存在する場所と地表の西風の強い場所の相対的な位置関係にあることを見抜きました。詳しくは述べませんが、この両者が一致しているときは、温帯低気圧が活発になり、一致しないと温帯低気圧は不活発になるのです。初冬や晩冬には、温帯低気圧の発達域と地表の西風強風域の位置は一致していて、温帯低気圧は活発になります。それに対し、真冬は、温帯低気圧の発達域が地表の西風強風域の南に位置してしまい、温帯低気圧は不活発になるのです。この現象を真冬の振幅極小と呼びます(Nakamura, 1992)。温帯低気圧活動の真冬の振幅極小は「西高東低」の気圧配置と一蓮托生ということもわかっています(Nakamura et al., 2002)。西高東低の気圧配置が弱い年には真冬の振幅極小が見られません。また、地表の西風強風軸の位置が、気候系のホットスポット海域に一致しているのは偶然ではありません。黒潮が暖かい水を北へ運び、親潮が冷たい水を南へ運ぶと、そのはざまには鮮烈な南北の温度差が出現します。温帯低気圧の活動が南北の温度差を弱めようとしても、海洋の動きでそれほど弱まらず、温帯低気圧の活発さを維持するように働きます。つまり、海洋が西風強風軸の維持に一役買っているのです。その向こうに天皇海山列という原義のホットスポットがあるのは偶然でしょうが……。

（正）爆弾低気圧　（誤）爆弾高気圧

爆弾低気圧は気象学用語で、24時間で気圧が24ヘクトパスカル以上降下する急発達の低気圧と定義されています。一方、爆弾高気圧という言葉は聞いたことがありません。中緯度では、低気圧のように急激に高気圧が発達することはないのです。チャーニー理論では低気圧も高気圧も気象擾乱として一緒くたに扱いましたから、この説明はまだです。

アイスアリーナにはフィギュアスケートの選手。ぐるぐるとゆっくり体が回転したかと思えば、手をぴんと上に突き出してくるくるっと急回転、そして最後は手足を広げて再びゆっくり回転、そんなシーンを見たことがあるでしょう（図1・6上）。回転している方向が時計まわりでも反時計まわりでも同じことです。気象の話に引き戻すと、手をぴんと上に突き出すのは空気が四方から集まってくること（風の収束）に、手足を広げるのは空気が四方へ散っていくこと（風の発散）に対応します。かりに気象の話がフィギュアスケートの選手と同じなら、低気圧（反時計まわり）でも高気圧（時計まわり）でも、風の収束であればまわり方が強くなり、風の発散であればまわり方は弱くなります。

しかし、実際の地球上の高気圧・低気圧はそうではありません。地球の自転の分を加算しなけ

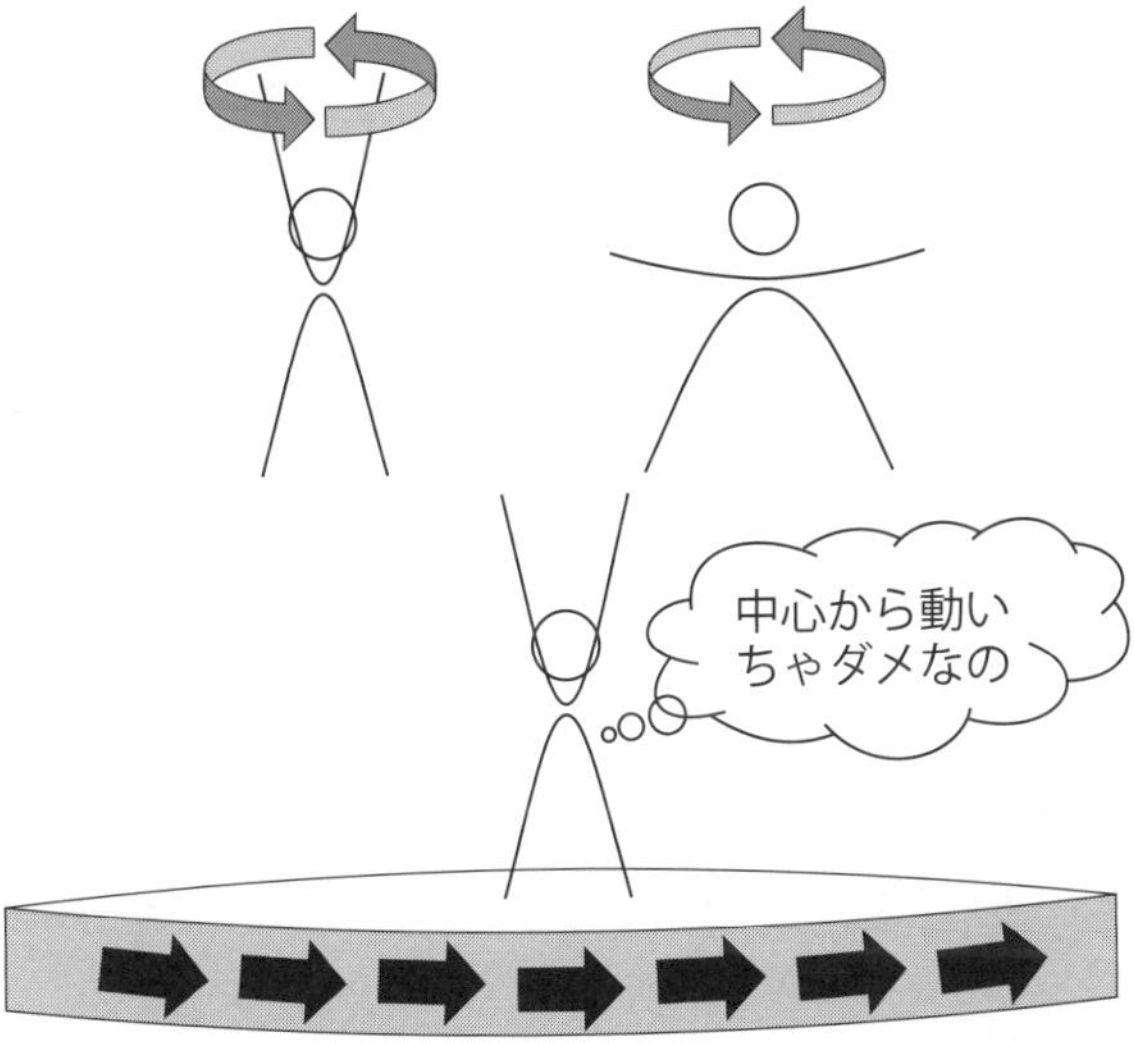

図 1.6　（上）通常の舞台で回転するフィギュアスケートの選手。腕を上に伸ばせば速く回転し、横に伸ばせばゆっくり回転する。（下）高速回転する円形舞台の中心で固定演技するフィギュアスケートの選手。

ればならないからです。北半球の場合、地球の自転は反時計まわりの低気圧に対応し、初期の低気圧にくらべて非常に強い回転です。地球の自転はほぼ1日1回転ですが、初期の低気圧の回転は10日で1回転くらいです（ここで「初期の低気圧」と断るのは、収束によってどの程度まで発達できるかを考えるからです）。つまり、フィギュアスケートの選手、それが地球上の低気圧や高気圧に対応します（図1・6下）。ただし、舞台は非常に速く反時計まわりに回転しており、選手が自らの意思でまわっても、このまわっている舞台ほどにはまわれないと考えてください。またことわりですが、舞台の中心以外で演技したら失格の、規定演技ならぬ「固定演技」です。中心以外に行ったら、遠心力でそのまま舞台からはじき出されて、演技は強制終了です。

その恐怖の舞台でフィギュアスケートの選手がおもむろにまわりはじめたとしても、舞台が強く反時計まわりに回転しているため、都合、選手の思惑とは別に、選手は当初は舞台の回転分が加わり、かならず反時計まわりに回転していると換算します。したがって、風の収束に対しては、低気圧の回転が速くなります。風の収束があればあるほど、どんどん低気圧は強くなります。それに対し風の発散があると、地球の自転分と自分自身の回転の足し算がゼロになろうとするため、たしかに高気圧の回転を強めようとはするものの、地球の自転の大きさ以上に高気圧の回転をさせることができません。つまり、高気圧の発達には限度があるのです。

ちなみに、地球の自転の効果の程度は、緯度によって異なります。極端な例でいえば、北極に立つ人は自転を反時計まわりに感じますが、南極に立つ人は自転を時計まわりに感じます。そして、赤道に立つ人は自転の効果を感じません。

3 温帯低気圧のゆくえ

尾行と張り込み

前節までは、温帯低気圧の活動という言葉をきちんと定義せずに使っていました。温帯低気圧の活動を数値で表すことは、存外、難しいものなのです。気圧でみれば、まわりにくらべて低いところが、速度を変えながら進んでいきます。日々の天気図から温帯低気圧の動きを監視するだけならともかく、いまや膨大なシミュレーションの結果を解析する時代、そのゆくえをつぶさに観察するわけにはいきません。自動的かつ客観的に温帯低気圧を数値で表す方法が必要なのです。

温帯低気圧の定量化は「尾行」と「張り込み」の2通りの流儀があります。前者をラグランジュ的手法、後者はオイラー的手法といいます。

ラグランジュ的手法は、警察官が犯人を尾行して行方を確認するように、ひとつひとつの低気圧を追跡するのです。具体的には、まず、ある時間における気圧がまわりより低い点、つまり低気圧の中心を見つけます。次の時間、その点に近いところに気圧がまわりより低い点がないかを探します。見つかったら、それは次の時間における低気圧の中心ですから、その点と点を線でつなぎます。この操作をくりかえすと、低気圧の通過した経路が線の束として表現できます。

オイラー的手法は、警察官がある場所で犯人が通りすがるのを待ち伏せするように、ある場所での気圧の時間変化から低気圧の強さを見積もるのです。通常、オイラー的手法では低気圧と高気圧を区別せずに気象擾乱として扱います。気圧が平均値よりもどのくらいばらつくかを数値化することで、気圧のバタつきの度合いとして温帯低気圧活動を表現できます。

北半球の冬季の温帯低気圧の活動の平年値を、これらの手法を使って調べてみると、北太平洋と北大西洋に温帯低気圧の活動が活発な領域があることがわかります。これらはそれぞれ温帯低気圧が好んで通りやすい道ということで、それぞれ太平洋ストームトラックおよび大西洋ストームトラックと呼ばれています。冬季の平年値でみると、太平洋ストームトラックより大西洋ストームトラックのほうがその活動度は大きいのです。これは、前述の真冬の振幅極小と関係します。じつは、大西洋では、真冬でも温帯低気圧の活動域が西風強風域からずれることがないのです。

温帯低気圧トラッキング「世界大会」

温帯低気圧の定量化のオイラー的手法（張り込み）は、すでにその手法が確立されています。しかし、ラグランジュ的手法（尾行）は思ったより難しく、まだ研究の余地があります。低気圧定量化のラグランジュ的手法は、追跡を意味するトラッキングとも呼ばれています。世界にはさまざまなトラッキングの流儀があります。流儀によって結果が大きく変わると、たとえば、次項でふれる地球温暖化したときの気候における温帯低気圧活動の解析の際に不便です。

2010年ごろ、ヨーロッパの研究チームが中心になって、世界各地の研究者が独立に開発を進めてきた温帯低気圧トラッキング比較プロジェクトが立ち上がりました。その名はIMILAST（中緯度低気圧診断の国際比較プロジェクト）、まさにトラッキングの「世界大会」です。いまやっと、各種トラッキング・プログラムの特性がわかってきたところで、米国気象学会誌にその成果が発表されました（Neu et al., 2013）。今後はこのプロジェクトによって、温帯低気圧の定量化のばらつきの理由が解明されていくものと思われます。

最新型トラッキングの威力

最近、筆者は最新型トラッキング・プログラムNEAT《ニート》（隣接閉領域トラッキング）を完成させました（Inatsu, 2009）。前述のとおり、トラッキングはさまざまな計算の流儀があります。ですから、どれが正解というわけではありません。ただ、従来のトラッキングの計算には、天気図をながめた感覚とあわせるための場当たり的な方法が採用されることも、しばしばありました。また、1枚1枚の天気図から低気圧の中心を見つめる部分と、複数の天気図を対照して低気圧の中心を結んでいくという、異なる2つの概念を算法として含んでいることが、従来のトラッキング計算の見通しを悪くしていたのです。NEATは天気図の点と点を連結させることをやめ、天気図の領域と領域を連結させる方法を採用したのです。これにより、いきなり複数の天気図を使って低気圧を結んでいくというシンプルな概念だけをトラッキングの算法とすることに成功し、見通しのよい方法が確立されました。

NEATはほかにも利点があります。天気図で低気圧をみると、小さいうちは丸い形をしているのに、発達していくにつれて円というよりは楕円に、さらにはカタカナの「ク」の字のようにひしゃげた形になります。このような円から楕円へ形を変える様子は、地上の天気図だけでなく、ある手続きを踏むと上空の天気図でも見つけることができます。じつは、上空において低気圧・高気圧の列が円ではなく楕円となることは、温帯低気圧が地球をめぐる大きな流れにどのような影響を及ぼすかを理解するカギになります。

縦長の楕円を時計まわりに45度まわしてみましょう。斜め右上から左下の方向に伸びた楕円になります。同様に横長の楕円を時計まわりに45度まわしてみましょう。斜め左上から右下の方向に伸びた楕円になりますね。東西南北の水平面に斜めに伸びた楕円をおきます（図1・7）。図1・7（a）のように斜め右上から左下の方向に伸びる楕円形の低気圧・高気圧は、北東―南西方向に伸びた楕円と考えます。この低気圧・高気圧の列は北東風か南西風を吹かせ、北西風や南

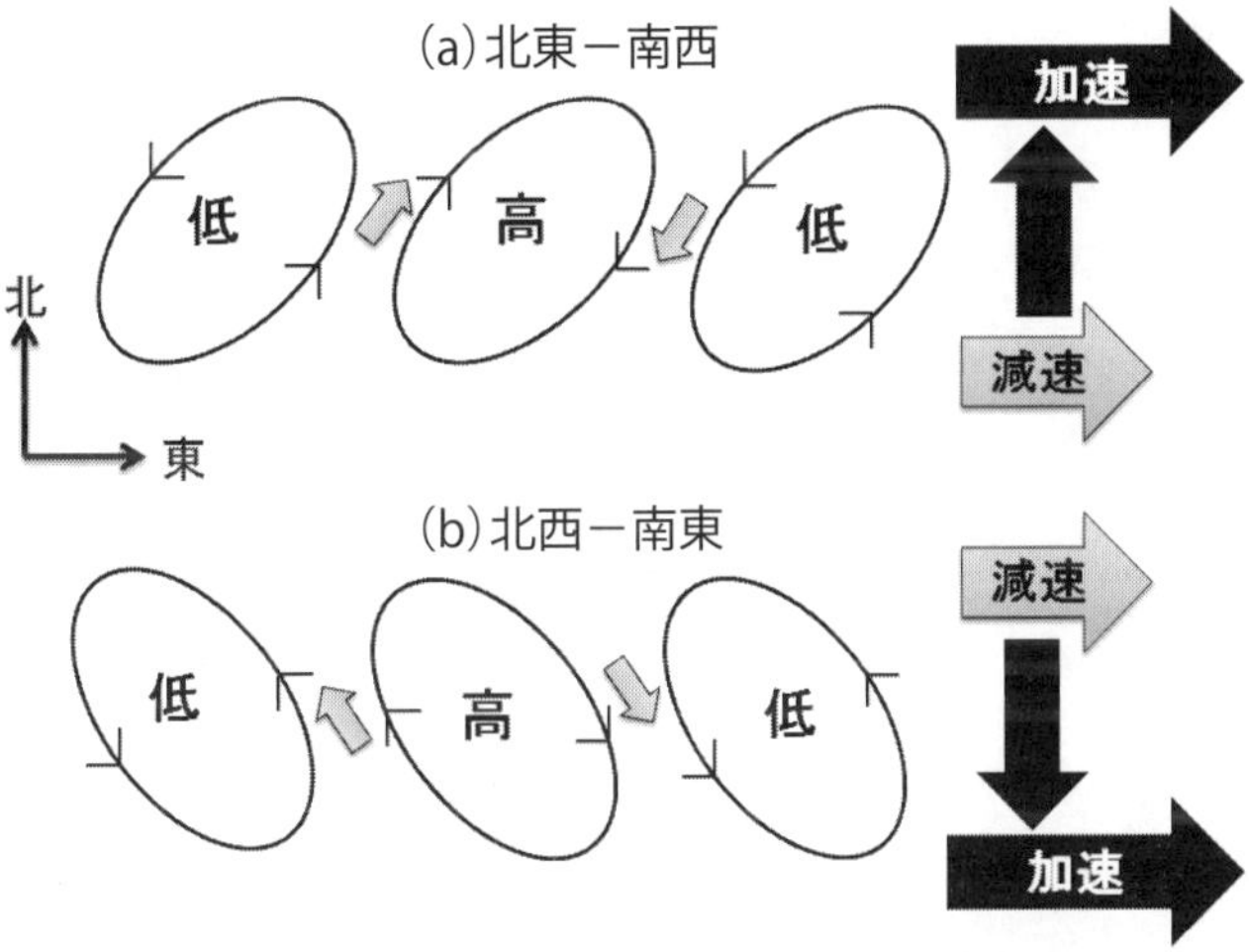

図 1.7　高低気圧が大気の大きな流れにおよぼす影響と高低気圧の形状の関係。(a) 北東に傾いた高低気圧はジェット気流を北へ、(b) 北西に傾いた高低気圧はジェット気流を南へ移動させる働きがある。

東風は弱くなります。理由は難解なのでここでは詳しく述べませんが、このような低気圧・高気圧の列はジェット気流を北へ押しやろうと働くことがわかっています。また、図1・7（b）のように斜め左上から右下の方向に伸びる楕円形の低気圧・高気圧は、北西－南東方向に伸びた楕円と考えます。この低気圧・高気圧の列は、北西風や南東風を吹かせ、ジェット気流を南へ押しやろうと働くことがわかっています。ジェット気流が通常の位置より北や南に動けば、それは北極の冷たい空気の「守備範囲」の変更を意味するため、暖冬や厳冬をもたらすことになります。

ＮＥＡＴを使うと、観測データをもとに、北東―南西に傾いた低気圧と、北西―南東に傾いた低気圧の数を数え上げることができます。この数とジェット気流の南北の変動を表す指標をくらべてみると、両者の間に非常に高い相関関係があることがわかりました（天田祥太郎、修士論文）。

温帯低気圧が地球をめぐる大気の大きな流れにどのような働きかけをするかは、チャーニー理論からさらに発展した気象の「純文学」、気象力学で語られる深遠な世界です。一方、低気圧の形状を記述するのは、気象学が物理学から遠かった時代にまでさかのぼる伝統ある世界です。ＮＥＡＴはこの2つの世界を結びつけたのです。さらに、18ページの気候系のホットスポットが、温帯低気圧をかいして、さらに地球をめぐる大気の大きな流れに影響するかは、上記に類する診断を行なえばよいことになります。

コラム2　ニートのひらめき

私は低気圧トラッキングの問題に関して、ずいぶん前から問題意識があって、思い出しては考えて、考えてはあきらめていました。ある日、なんとなく解けそうな気がして、関連しそうな文献を整理していたのですが、仕事の時間に考えがまとまらず、帰りの電車でも延々と考えていました。駅に降りて自動改札をくぐるので、定期券を兼ねたＩＣカードを取り出し、「ピッ」という音がした途端、ＮＥＡＴの計算方法の核となる部分が浮かんだのです。こういう場所でアイディアがまとまると厄介なのは、それを何かの形に留めて忘れないようにせねばならないことです。ただ、最近は便利なもので、携帯メールで未来の自分にその内容を送信してしまえば、頭はすっきりです。

ちなみに、ＮＥＡＴの発音はニートですが、英語で「きちんと整頓した」や「手際のよい」という意味の言葉です。誤解なきよう。

未来の温帯低気圧予測の挑戦！

温帯低気圧のゆくえはゆくえでも、前項までとは違う意味のゆくえで、未来の温帯低気圧の活動の話をします。じつは、日本付近の温帯低気圧の活動の未来は、前述の話を総合して推測できます。まず、世界の多くの研究機関の数値気候モデルに共通した結果として、21世紀の間に世界の気候は、社会情勢にもある程度はよるものの、大なり小なり地球温暖化が進行するとされています。地球が温暖になった場合、シベリアのように厳寒な地域は、他の地域にくらべて昇温量が大きくなります。これは、雪が積もった白い地表面状態では太陽光線を反射し低い気温を保ちやすいのに対し、雪が解けて黒い地面が露出すると太陽光線を吸収するようになり、気温をより上昇させるというメカニズムによります。中東の砂漠の民が白い衣装をまとうことや、春先に雪解け促進のため黒い融雪剤を畑にまくことは、この原理をうまく生かした例といえるでしょう。

さて、冬季には、非常に冷たい大陸と比較的暖かな海洋との間で大きな温度のコントラストをつくり出します。その海陸間の気温コントラストは真冬の西高東低の気圧配置をつくりだすひとつの要因になっています。地球温暖化気候では、このような海陸コントラストは弱くなることが予想されますから、おそらく西高東低の気圧配置も弱くなることでしょう。そうすると、日本付近では、真冬の振幅極小の現象（39ページ参照）が起こりにくくなり、ストームトラック活動が強化されることが予想されます（Inatsu and Kimoto, 2005）。しかし、地球温暖化によって温帯低気圧の活動がどのように変化するかについては、数値気候モデル間のばらつきも大きく、目下、研究の途上であると考えてよいでしょう（Chang et al., 2012）。

1・1　科学研究費補助金・新学術領域研究「気候系の hot spot ～熱帯と寒帯が近接するモンスーンアジアの大気海洋結合変動～（平成22年度～26年度）」のなかで、気象学者と海洋学者が手に手を取って、このなぞに挑んでいます。詳しくは http://www.atmos.rcast.u-tokyo.ac.jp/hotspot/ をご覧ください。

コラム3　「メテオ・ツーリズム～北海道でそらを観光してみませんか～」

日本の観光地をみれば、湘南にあっては夏空に燦々と輝く太陽が、摩周湖にあっては恋を育む幻想の霧が、金沢にあっては兼六園にしっとり積もる雪が、屋久島にあっては老齢な大樹に降り注ぐ雨が、その情景を風光明媚なものにしています。

「メテオ・ツーリズム」はわたしが創作した造語です。気象学を表すメテオロジー（meteorology）と、観光を表すツーリズム

（tourism）を合わせてみました。さきの例で、風光明媚なものは、夏空であり、霧であり、雨であり、雪であり、それらすべてが気象現象です。

ここで、星野リゾート・トマム（北海道占冠村《しむかっぷむら》）で実践されている成功例をあげます。

トマムは札幌や新千歳空港からの交通が至便な、スキー場を主体とするリゾート地です。当然、オフシーズンの夏は閑散としていました。ある企画が持ち上がるまでは。

雲海テラス、トマムの山の頂に集まる観光客。目当ては夏場の早朝、はるか遠方から山々を押しのけ、かいくぐって、足下までせまりくる雲です。満ち満ちた雲は朝日に照らされるとキラキラと神秘的に輝き、やがて消えてゆきま

雪の結晶のペンダント（中村一樹氏提供）

す。「どうしてこんなに美しい姿を見せるのだろうか？」専門家がそう問えば、一気に気象学へと昇華します。この企画は星野リゾートのリフト整備担当者の着想だそうですが、風光明媚は案外、転がっているものです。

なんと北海道では冬場、風光明媚を手にすることもできます。昼でも気温が氷点下の真冬になれば、粉雪があたりまえ。その結晶を手にして、運が良ければ六花の華。それは手のぬくもりで、はかなくも消えてしまいます。雪の研究で知られる中谷宇吉郎がかつて山小屋に籠って、雪の結晶を観察したように、とはいきません。中村一樹氏（北海道大学）が星野リゾートと共同で、「雪の結晶を特殊なボンドで固めてしまおう（雪氷研究で用いられてきたレプリカ手法の応用）」と発想し、観光資源にしたのです。観光客は降ってきた雪を捕まえ、そのかけらをピンセットでほどいて、好きな結晶を選びます（もちろん氷点下の氷の家の中で作業します）。それを固めてペンダントにすれば、最高のお土産です（写真）。「どうしてこんなに美しい結晶になるのだろうか？」専門家がそう問えば、これまた一気に気象学へと昇華します。菊地勝弘・梶川正弘著『雪の結晶図鑑』（北海道新聞社）には、雪の結晶に関するこれまでの研究成果がカラーで載っています。

読者の皆さま、ぜひとも北海道にいらして、そらの観光、メテオ・ツーリズムをお楽しみください。

「えー、そんな暇ないよ」って？　もちろん自然の眺望がどこでも清らかで美しいわけではありません。ただ、風光明媚はきっと都会にもあります。ある冬の晴れた朝、埼京線の満員電車で窓外に見た富士山は、文字どおり身動きできぬ現実から遠く遠くにそびえる理想郷のようでした。「どうして冬の晴れた朝に富士山が眺望できるのだろう」と問えば、埼京線での通勤さえも「メテオ・ツーリズム」です。

引用・参考文献

Chang, E. K. M., S. Lee, and K. L. Swanson: Storm track dynamics. J. Climate, 15, 2163-2183, 2002

Chang, E. K. M., Y. Guo, X. Xia, and M. Zheng: Storm-Track Activity in IPCC AR4/CMIP3 Model Simulations.J. Climate, 26, 246-260, 2013

Charney, J. G.: Dynamics of long waves in a baroclinic westerly current. J. Meteor., 4, 135-162, 1947

Eady, E. T.: Long waves and cyclone waves. Tellus, 1, 33-52, 1949.

Inatsu, M.: The neighbor enclosed area tracking algorithm for extratropical wintertime cyclones. Atmos. Sci. Lett., 10, 267–272, 2009

Inatsu, M., and S. Amada: Dynamics and geometry of extratropical cyclones in the upper troposphere by using a neighbor enclosed area tracking algorithm. J. Climate, in revision, 2013

Minobe, S., A.Kuwano-Yoshida, N. Komori, S.-P. Xie, and R. J. Small: Influence of the Gulf Stream on the troposphere. Nature, 452, 206-209, 2008.

Nakamura, H.: Midwinter suppression of baroclinic wave activity in the Pacific. J. Atmos. Sci., 49, 1629-1641, 1992

Neu, U., M. G. Akperov, N. Bellenbaum, R. Benestad, R. Blender, R. Caballero, A. Cocozza, H. F. Dacre, Y. Feng, K. Fraedrich, J. Grieger, S. Gulev, J. Hanley, T. Hewson, M. Inatsu, K. Keay, S. F. Kew, I. Kindem, G. C. Leckebusch, M. L. R. Liberato, P. Lionello, I. I. Mokhov, J. G. Pinto, C. C. Raible, M. Reale, I. Rudeva, M. Schuster, I. Simmonds, M. Sinclair, M. Sprenger, N. D. Tilinina, I. F. Trigo, S. Ulbrich, U. Ulbrich, X. L. Wang, H. Wernli: IMILAST – a community effort to intercompare extratropical cyclone detection and tracking algorithms: assessing method-related uncertainties. Bull. Amer. Meteor. Soc., in press.

Taguchi, B., H. Nakamura, and M. Nonaka: Influences of the Kuroshio/Oyashio Extensions on air–sea heat exchanges and storm-track activity as revealed in regional atmospheric model simulations for the 2003/04 cold season. J. Climate, 22, 6536–6560, 2009

von Harr, and V. E. Suomi: Satellite observations of the earth's radiation budget. Science, 163, 667-669, 1969

Xie, S.-P., J. Hafner, Y. Tanimoto, W.T. Liu, H. Tokinaga and H. Xu: Bathymetric effect on the winter sea surface temperature and climate of the Yellow and East China Seas. Geophys. Res. Lett., 29, 2228, 2002

天田祥太郎「北半球寒候期における温帯低気圧の形状の分類に関する解析」北海道大学大学院理学院修士論文、43、２０１１

小倉義光『一般気象学』東京大学出版会、３０８、１９９９

第 2 章

台風の研究

横浜国立大学気象研究室による空観測
〜積乱雲と未来を眺めて。

1　台風研究の最前線

リアルvsバーチャル

「あさっての正午、フィリピン沖で台風X号が発生するでしょう。7日後の来週月曜日には九州南部に上陸する見込みです。」

「今年の夏は、平年よりも台風が多く発生するおそれがあります。ご旅行の計画には注意が必要です。」

日頃から聞き慣れている天気予報を思い出してみても、こんなフレーズを耳にしたことはないでしょう。天気予報がよく当たるようになった気象庁の技術をもってしても、台風発生の予報はたいへん難しいのです。もし台風の発生が前もってわかっていれば、どんなに素晴らしいことでしょう。意外に思われるかもしれませんが、地球のはじまりがよく理解されている現代の科学でも、台風のはじまりは解明されていません。台風発生のなぞが解けていないことが、台風発生を予測する技術の向上を遅らせています。台風発生の「予報が当たりにくい」という逆転の発想を使って、台風発生予報を試みる研究があるほど（詳しくは第7章）、台風発生の予報は難しいことなのです。

突然ですが、そらの研究室からクイズです。図2・1の2つの地球。1つは気象衛星で観測された2006年12月29日の地球、そしてもう1つは、コンピュータのなかでつくられた人工的

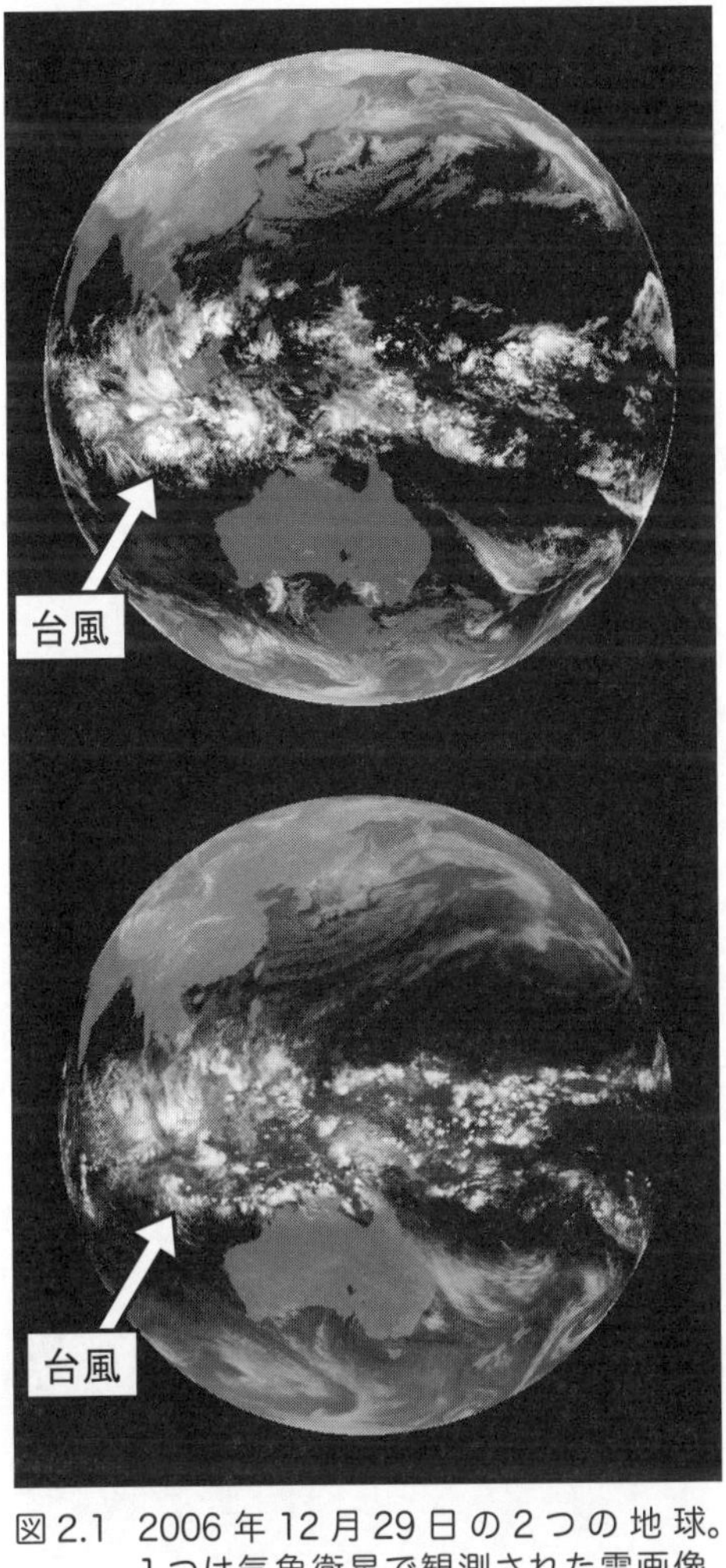

図2.1　2006年12月29日の2つの地球。1つは気象衛星で観測された雲画像、1つは数値シミュレーションによって再現された雲分布。どちらがバーチャルでしょうか？ 答えは本文。三浦裕亮准教授提供。

な地球です。どちらがリアルな地球で、どちらがバーチャルな地球か見分けられますか？　どちらの地球も、各地で雲が発生していますが、その分布はよく似ています。地球の真ん中、熱帯付近の雲域に注目してみましょう。インド洋東部から太平洋西部にかけて、まとまった雲域があります。東西におよそ５０００キロメートルにおよぶこの広大な雲域は、熱帯波動と呼ばれる大規模な現象にともなって発生しました。さらに、その雲域の中心から少し南では、台風が発生しようとしています。この台風は、南半球の夏にあたる12月31日に発生して、年を越した1月３日、オーストラリア北西部に上陸しました。このような現実の地球で起きた現象が、人工的な地球でも同じように発生しました。

クイズの正解を発表します。上側が現実の地球、下側が人工の地球です。人間の手でつくられた地球は、コンピュータと数値モデルを用いた数値シミュレーション（詳しくはコラム１）により得られた数値です。地球上の各地域の雲分布が、現実と見まちがうほどそっくりに再現されたことは、まさにこれまでの数値シミュレーションの歴史を塗りかえた秀逸な計算結果といえます。さらに世界の研究者をうならせたのは、同じコンピュータと数値モデルを使い、12月29日より2週間も前の12月15日を初期値とした数値シミュレーションを行なっても、現実と同様に熱帯波動や台風が再現された、ということです。

「数値シミュレーションによって初期値から2週間後に発生する台風を再現する」ということ

が、いかに驚異的なのかについて、冒頭の天気予報を例にして説明します。予報精度が格段に向上している現代の天気予報ですが、その予報の土台となっているのは数値シミュレーションです（第7章）。数値シミュレーションは、現在の観測データを基につくられた「初期値」を出発点として、未来の時間の大気の状態を計算しています。しかし、数値シミュレーションで何日も先の天気予報を計算しても、さまざまな不確定な原因が重なって、その時間の天気を完全には再現できません。現実とシミュレーションの間のズレは、初期値から時間がたてばたつほど大きくなります。明日よりも1週間後の天気予報のほうが信頼性が落ちるのは、皆さんもよくご存じのことでしょう。

この数値シミュレーションの結果は、2週間後に南インド洋東部で台風が発生して、20日後にオーストラリア北西部に上陸するという台風予報を的中させたことになります。現在の天気予報技術の限界をふまえると、これはもはや、予報技術が神業にまで達したのではと錯覚してしまいます。この研究結果は、『ネイチャー』とならび世界でもっとも権威ある米国の学術雑誌『サイエンス』に掲載されました（Miura et al., 2007）。世界を驚かせたこの数値シミュレーションから、この章ははじまります。

台風発生のなぞ

台風研究者は、この数値シミュレーション結果にとても強い関心をもちました。その理由は、2週間後に発生する台風の予報を当てただけでなく、このシミュレーション結果を用いれば、台風の発生メカニズムの全容を解明できるのではないか、という期待です。台風発生のメカニズムは、台風研究の分野だけでなく、気象学全体からみても、もっとも解明されていない研究テーマのひとつだとされています。世界中の台風研究者が、目を光らせて探しもとめてきた台風発生のなぞを解く鍵が、このシミュレーション結果に隠されていると考えられるからです。

過去の台風発生を調べると、いつも決まった大気や海の状態が背景にあります。米国のハリケーン研究者であるグレイ博士は1970年代からの一連の研究によって、台風発生条件を提案しました。その条件とは次の6つです。

1. 台風は海上で発生するが、その海面水温が26～27度以上であること
2. 大気が湿っていること
3. 大気が不安定な状態であること
4. 大気の上層（およそ高度6～10キロメートル以上）と下層（およそ高度2～5キロメー

トル）の風の向きや強さの差が小さいこと

5．天気図でみたときのような大規模（水平スケールが1000キロメートル以上）の風が低気圧性回転であること[2・1]

6．地球の自転の効果が強く働く北緯・南緯5度以上の緯度であること（42ページ参照）

この6つの発生条件は、台風発生の背景を理解するために用いられてきました。しかし、この発生条件だけでは、台風発生のメカニズムを説き明かしたことにはなりません。この発生条件がすべてそろっても、そのときその場所で、かならず台風が発生するわけではないからです。いうなれば、この条件は台風発生に好都合な大気と海の状態を説明しているだけであって、数学でいうところの「必要条件」にすぎないのです。必要条件が整った環境のなかで、さらになにかの特殊なメカニズムが働いて、台風が誕生しているのです。

多くの台風研究者が、この台風発生のメカニズムの解明に挑戦してきました。そして、近年の進化した科学技術を用いた研究により、そのなぞが解き明かされようとしています。次節では、台風研究のなかでも、現在も熱い論争が続いている台風発生に関する最新の研究を紹介します。

2　台風の正体

地球上で最強かつ長寿の渦巻き

まず、台風の正体を明かしておきます。台風やサイクロン、ハリケーンは、いずれも発達した熱帯低気圧という巨大な渦巻き[2・2]です。北西太平洋で発生した熱帯低気圧を「台風」、インド洋や南太平洋では「サイクロン」、北大西洋や北東太平洋では「ハリケーン」と異なる呼び方をするだけで、その構造は同じです。台風の水平スケールは、大きなもので直径2000キロメートルにまでおよびます。東京を中心に半径1000キロメートルの円を描くと、ちょうど南は鹿児島の種子島、北は北海道の知床半島を円周が通るので、台風は日本本土をすっぽりおおうような水平スケールをもっていることがわかります。そして、その渦巻きが瞬間でもっているエネルギーは、日本の年間発電量のすべてに匹敵します。まさに地球上で最強の渦巻きです。それに加えて、特筆すべきは、その強大な渦巻きが「長寿」だということです。実際の大気中に渦が発生しても、地表面との摩擦やまわりの風が渦巻きを壊すように邪魔をするために、渦巻きはすぐに

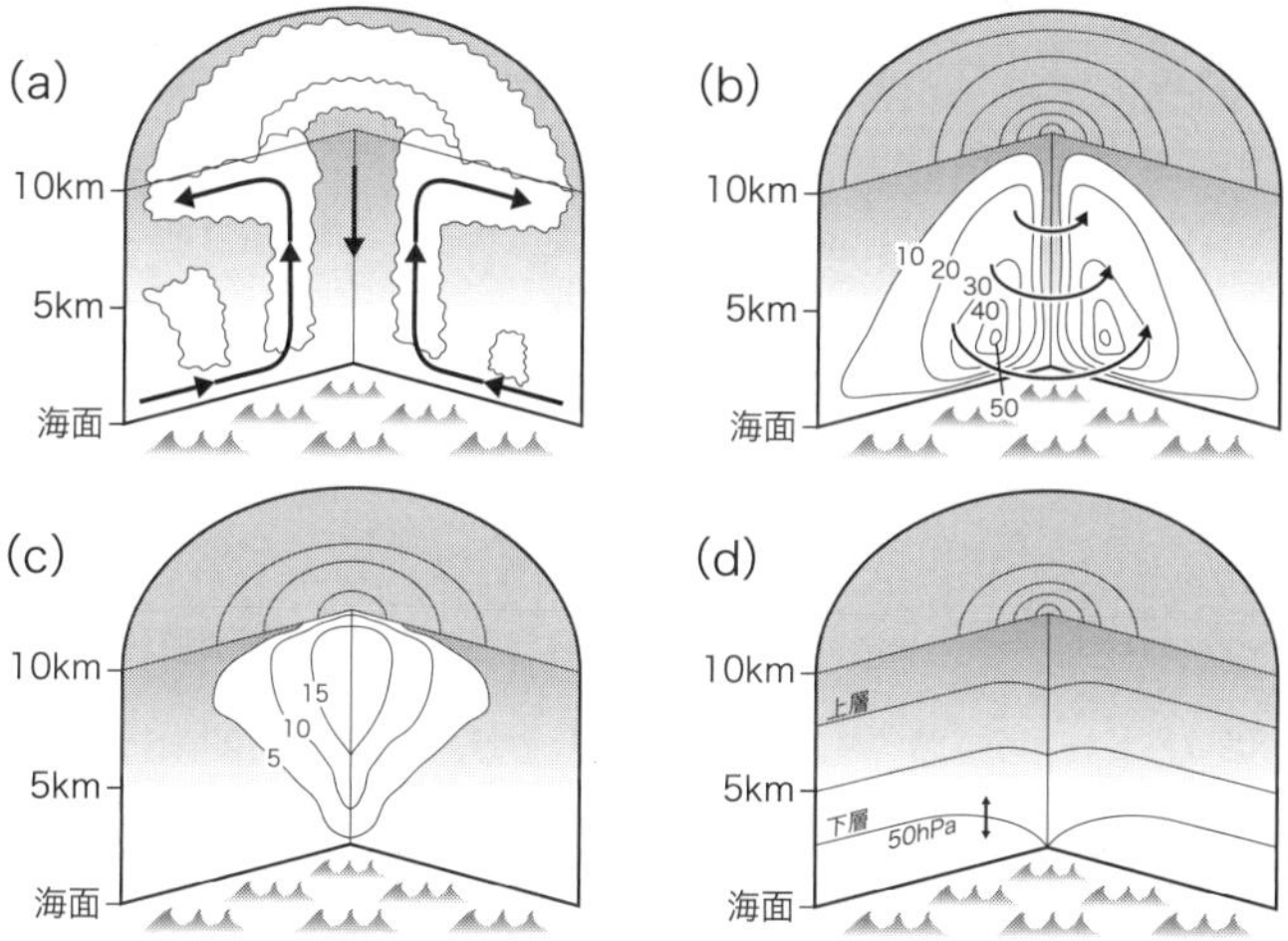

図 2.2　台風の内部構造を表す模式図。(a) 鉛直断面上の雲と風分布、(b) 台風の渦回転成分の速度分布（メートル毎秒）、(c) 高度平均からの差でみた温度分布（度）、(d) 各高度の等圧線。へこみ方が気圧低下量の度合いを表す。

消滅してしまいます。台風の平均寿命はおよそ5日ですが、太平洋の中央で発生した台風や、動きが遅い台風には、2週間以上も生き続けるものもあります。台風が長生きできる理由はなんでしょうか？

長生きの秘訣は、絶妙にバランスした台風の内部構造にあります。図2・2に描いたのは、包丁でカットしたケーキのイメージでみた、台風内部の構造です。雲の分布（図2・2a）をみると、中心は雲のない領域、台風の「眼」です。そして、その外側で眼をとりまくのは、夏によく見られる入道雲、「積乱雲」が集まって形成された「壁雲」です。包丁の切り口にそった風をみると、大気の下層は台風の中心に向かって吹く内向きの風、そして壁雲では上昇流です。上層では外向きの風によって、壁雲から外に向かって水平に広がる雲、「層状雲」が発生しています。気象衛星の雲画像でみると、台風の雲が丸くみえるのは、大気上層でこの層状雲が均一に広がっているからです。

切り口の断面でみた風は、台風の成長には重要な働きをしますが、その風速は数メートル毎秒と非常に弱いものです。あの台風の凶暴な風は、台風の中心をぐるぐるまわる風、つまり渦の回転成分の風です。図2・2bは、その渦回転の速度の分布を表しています。台風は、強いところで50メートル毎秒を超える強い渦であることがわかります。興味深いのは、渦回転のピークが地表面付近にあることです。一般的に、地表面は摩擦などの影響があるために、大気の下層よりも上層のほうが風は強くなります。けれども不思議なことに、台風の場合は、上層よりも下層のほうが渦回転は強く、地表面で暴風をもたらします。

この地上に吹く暴風の不思議を解く鍵は、温度分布にあります。図2・2cの温度分布は、実際の温度ではなく、それぞれの高度で平均した温度からの差を表しています。台風中心の上層から中層にかけて、周囲よりも暖かい空気があることがわかります。これは、「暖気核」と呼ばれる台風特有の構造です。暖気核は、おもに壁雲を形成する積乱雲から放出される熱によって発生します。暖気核があるということは、まわりよりも軽い空気が中心にたまっていることであり、空

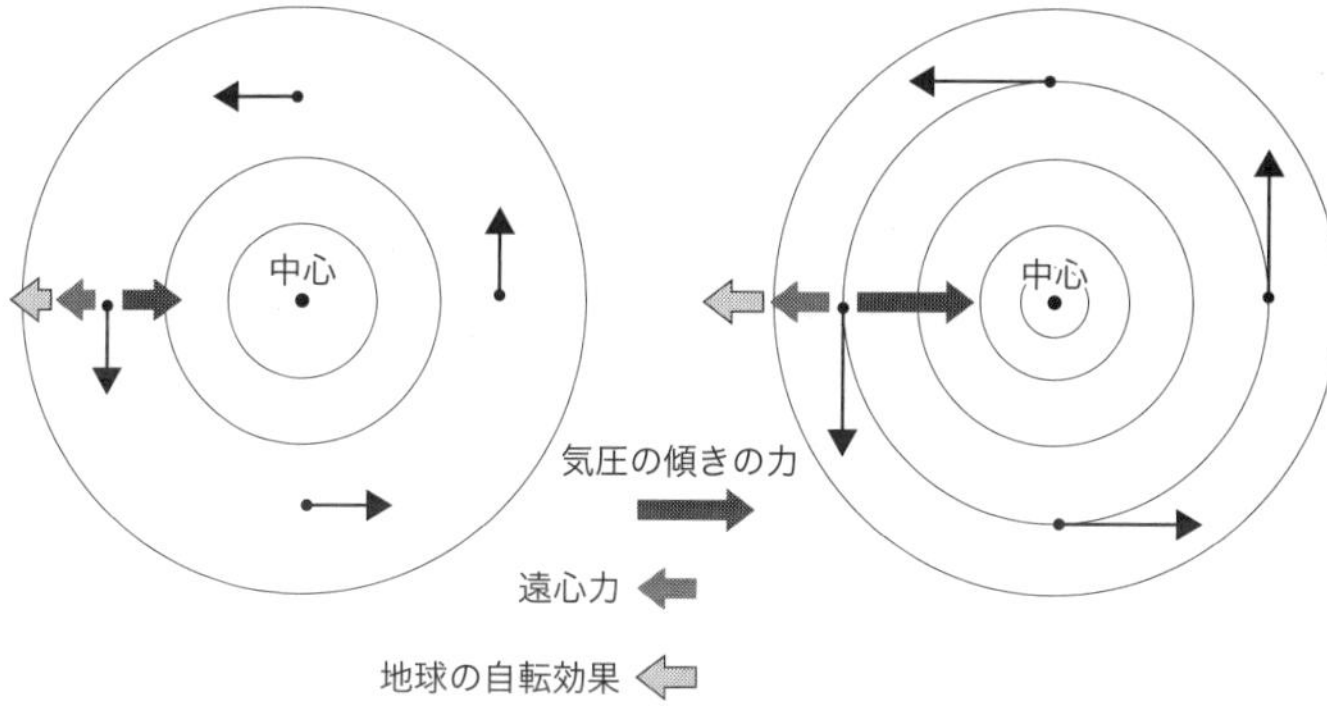

図 2.3　左が大気上層、右が大気下層の傾度風バランスの模式図。等圧線を円周、渦回転成分の大きさと向きを細い矢印で示す。それにかかる力を太矢印で表す。低圧部となる等圧線の円の中心に向かって気圧の傾きの力が働き、円の外側に向かって地球の自転効果と遠心力が働いていて、この 3 つの力は釣り合っている。

気の重さを表す気圧でみると、図2・2dのように中心ほど低くなります。すなわち台風は、中心ほど気圧が低い低気圧にあたるわけです。そして、この中心の気圧の低下量を高度ごとでくらべると、下層ほど中心の低下量が大きいことがわかります。ある高度の気圧低下量は、その高度から上空のすべての暖気の積算量であるため、暖気核が上層に形成されたとしても、気圧の低下量は下層ほど大きくなるのです。

台風の中心の気圧低下量と渦回転の強さには、密接な関係があります。図2・3のように、台風の渦には、台風の中心の方向に対する気圧の傾きの力と、遠心力と地球の自転効果があり、それぞれ内向きと外向きに働いていて、釣り合った状態にあります。この関係を「傾度風バランス」と呼びます。渦回転が強いほど遠心力と地球の自転効果は大きくなります。気圧の傾きが大きいところでは、その力に釣り合う大きな遠心力と地球の自転効果を得るために、強い渦回転が発生します。したがって、半径方向の気圧の傾きが大きい大気下層ほど、渦回転は強くなります。

大気下層が強風となれば、暖かい海水面から水蒸気が次々に大気中に供給され、壁雲を形成する積乱雲はどんどん発生します。積乱雲の発生が活発になれば、熱の放出量も増えて、暖気核はより発達します。暖気核の発達により中心気圧の低下が深まり、そして傾度風バランスを保つように渦回転が強まります。下層の渦回転が強まれば、強風によりますます海から水蒸気が供給されて、積乱雲はさらに活発に発生します。すると、また積乱雲から熱が放出され、中心気圧はさらに低下して……このように、雲の活発化と渦回転の強化は、お互いがお互いを強め合っています。これに加えて、図2・2aで示したように、大気下層で内向きの流れが生じることで、水蒸気をたくさん含んだ空気が台風の中心に供給され、壁雲の形成も促進されます。このような相互作用の関係が強固になればなるほど、渦を壊そうとする周囲の影響に打ち勝ちます。台風の渦の長生きの秘訣は、傾度風バランスをもった台風内部構造であり、雲と渦の間に生まれた強い絆でした。

3　台風誕生のなぞ

台風誕生までの道のり

台風の内部構造をながめると、なんだか神秘的な渦にみえてきませんか？　しかし、図2・2で示した台風の構造は、台風が誕生した後の話です。台風が最初からこの絶妙なバランスの構造をもっていたわけではありません。どういったメカニズムが働いて、傾度風バランスをもつこの構造が形成されるのかを考えることが、台風誕生のなぞを解き明かすことになります。

図2・4は、台風誕生までの長い道のりを、発生に影響する大気と海の現象と関係づけて表しています。まず、数日から数か月かけて、台風発生の条件（62ページ参照）で示した、台風に適した環境が整えられていきます。たとえば、台風発生条件の1つである高い海面水温は、季節の進行にともなって、ゆっくりとした変化で上昇します。そして台風発生の数日前には、大規模な大気現象にともなって、低気圧性回転の風や大気の不安定化や湿潤化が起きます。このような状態になると、「台風の卵」ともいうべき、水平スケール数百から数千キロメートルの雲のかたま

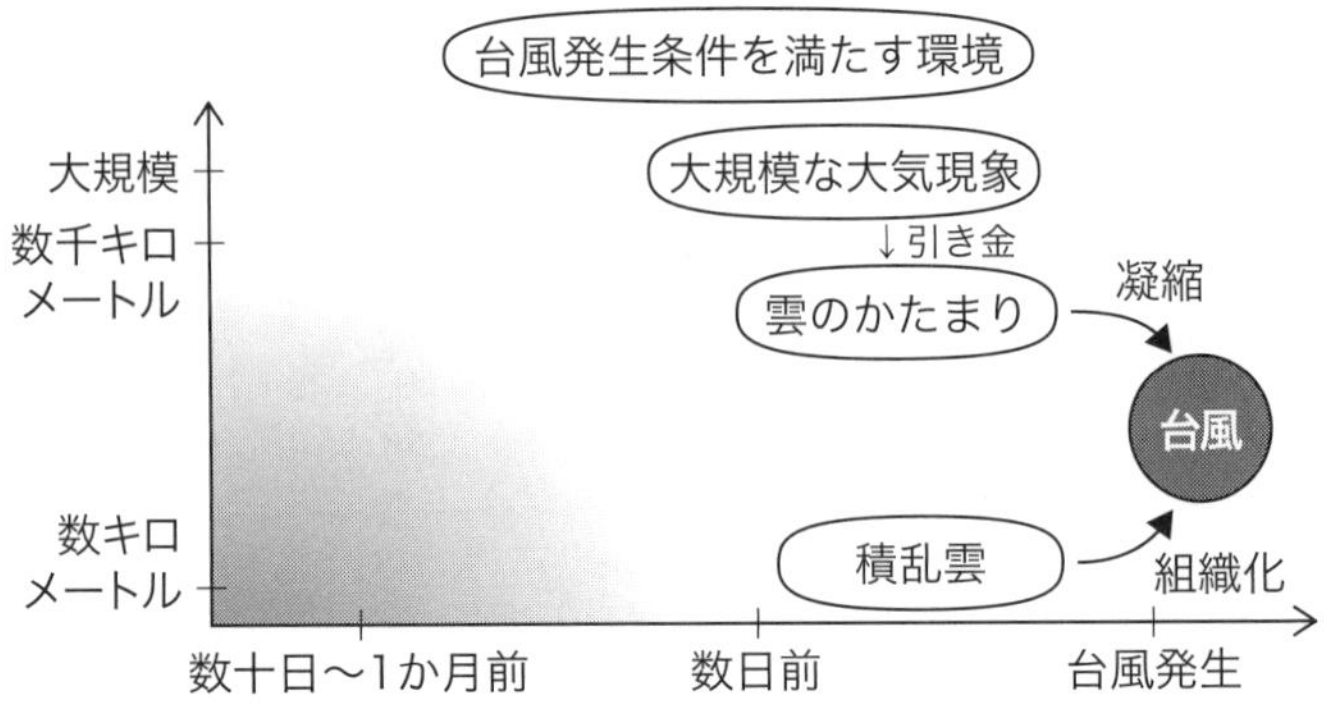

図 2.4　台風が発生するまでの概要図。横軸は台風発生までの時間、縦軸は台風に影響を与える現象を水平スケールで区分して表す。

りが発生します。大規模な大気現象は、それぞれの海域や季節によって多種多様ですが、雲のかたまりを発生させる「引金」の役割をもっています。図2・1の台風の誕生でいえば、熱帯波動という大規模な現象が、雲のかたまりをつくる引金となっていました。

気象衛星の雲画像からは、雲のかたまりが、それよりもまだ水平スケールの小さい初期の台風の雲に凝縮する変化が観測されています。台風発生のメカニズムは、スケールが縮小するプロセスとも考えられますが、視点を変えてみると、逆にスケールが巨大化する拡大プロセスももち合わせています。台風のおもな構成要素は積乱雲です。ひとつの積乱雲の水平スケールは1キロメートル程度で、寿命も1時間程度です。複数の積乱雲が組織的につぎつぎと発生することで、台風のまとまった雲にまで巨大化します。このように台風は、大規模な現象から小規模な積乱雲まで、スケールが異なるさまざまな現象が相互に作用して発生しています。この相互作用を「多重スケール相互作用」と呼んでいます。

台風の渦は上から？　下から？

台風の卵である雲のかたまりは、地球上で1年間に数百から数千個も発生しています。しかし、そのなかで台風にまで育つのはおよそ80個とわずかです。台風が誕生するためには、それだけ特殊なメカニズムが働いていることになります。このメカニズムを解き明かすために、数多くの研究が行なわれていますが、現在のところ2つの仮説が有力とされています。通称、トップダウン仮説とボトムアップ仮説と呼ばれている仮説です。

この2つの仮説を解説する前に、仮説に登場する渦を紹介します。図2・5の模式図は、2種類の渦、「mesoscale convective vortex (MCV)」と「vortical hot tower (VHT)」を表しています。海上で発生する雲は、鉛直方向に発達する積乱雲だけでなく、積乱雲から水平に広がるように発生する層状雲もあります。MCVは、その層状雲付近、大気中層の3～6キロメートルで発生します（図2・5a)。広域に発達する層状雲にともなうために、MCVの水平スケールは数十～数百キロメートルで、鉛直方向にうすい構造をもっています。一方VHTは、積乱雲の強い上昇流にともなって発生する渦です（図2・5b)。水平スケールは数キロメート

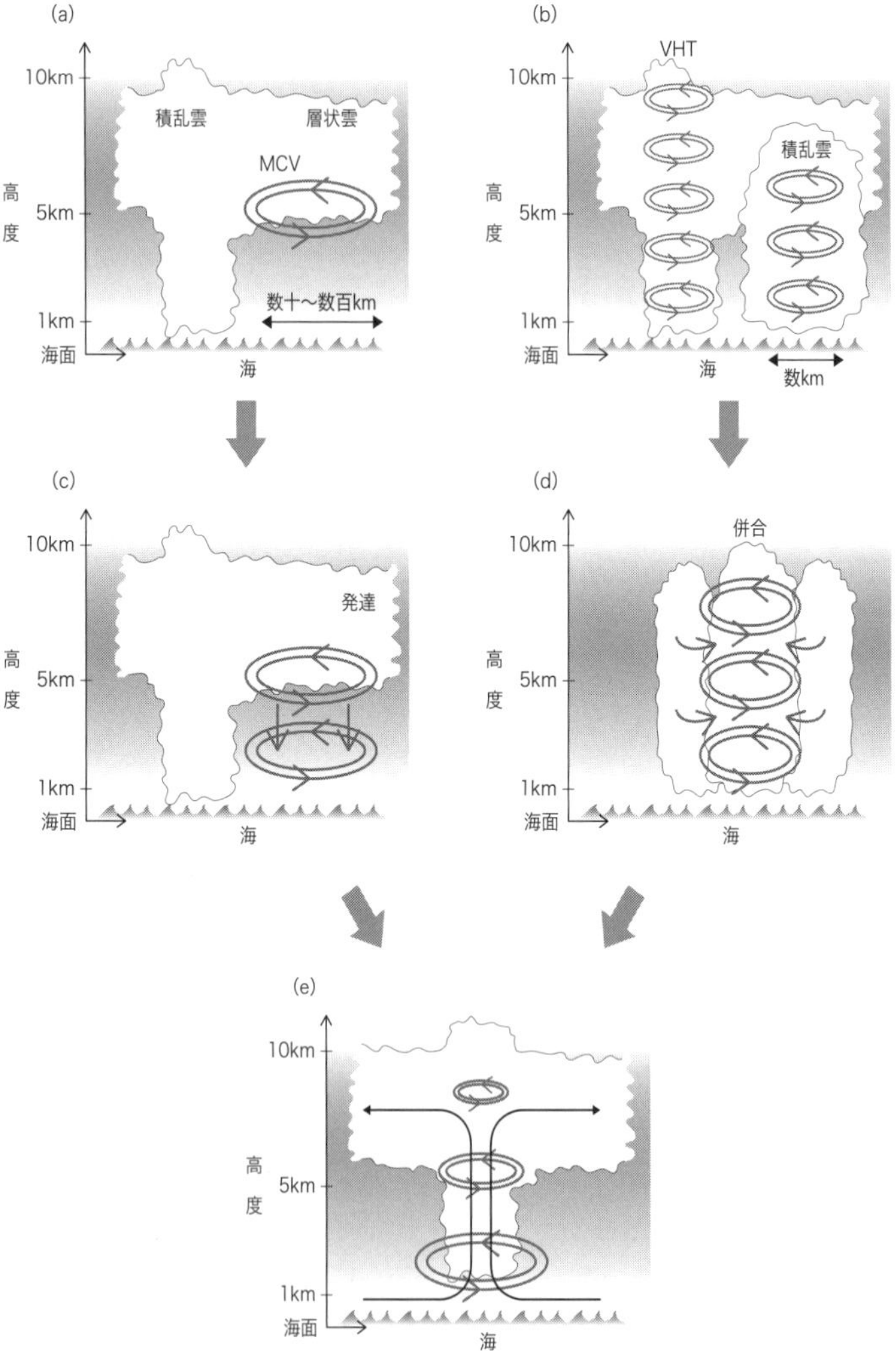

図 2.5　トップダウン仮説(a → c → e)とボトムアップ仮説(b → d → e)を説明する、鉛直断面でみた雲と渦の模式的な図。

ルとＭＣＶに比べて小さいのですが、大気の下層から上層まで鉛直に立つタワーのような渦がＶＨＴの特徴です。

「台風発生を導く大気下層の強い渦の形成には、ＭＣＶが重要な役割をもつ」と提案した研究がトップダウン仮説です。１９９７年に、オーストラリアや米国の研究者により発表された３つの論文によって提案されました（Ritchie and Holland, 1997など）。この仮説では、複数または１つのＭＣＶが発達して、その渦回転が下層にまで強化される（図２・5c と5e）、というストーリーです。大気中層の渦が下方に向かって発達するので、トップダウンです。それに対してボトムアップ仮説は、米国のハリケーン研究者のモンゴメリー博士を中心とする研究グループが、２００４年や２００６年に発表した論文（Montgomery et al., 2006など）で提案したストーリーで、

「ＭＣＶよりもＶＨＴが台風発生メカニズムの主役だ」

という仮説です。積乱雲が頻繁に発生するようになれば、ＶＨＴの発生も増えます。ＶＨＴのいくつかは併合して、しだいに渦回転が強まります（図２・5d）。もともと、鉛直に立った強い渦なので、ＶＨＴの強化は、下層の渦回転も強めます（図２・5e）。このように、強い渦のルーツは大気下層にある、という主張がボトムアップ仮説です。

台風発生をもたらす重要な渦は、上からの渦なのか、下からの渦なのか。これまで、積乱雲と

層状雲は、台風発生前に活発に発生していることが気象衛星から観測されています。しかし、水平スケールが1キロメートル程度の積乱雲ひとつひとつの詳しい振る舞いは、気象衛星の観測からは把握できません。近年は、気象レーダーを搭載した飛行機観測が米国で行なわれていますが、仮説を証明する決定的な証拠はまだ完全にはつかめていません。トップダウン仮説が正しいのか、ボトムアップ仮説が正しいのか、他のメカニズムはないのか、今でも激しい議論が続いています。

コラム4　台風の中心でEYE《アイ》を叫ぶ

窓の外では荒れ狂う獣の雄叫び。2006年9月16日深夜、私は暴風雨におそわれている石垣島で、台風観測を行なっていました。急速に発達した台風13号が明け方には石垣島に接近する、との予報を聞いて興奮せずにはいられませんでした。もし台風が石垣島を直撃することになれば、台風の眼の中の水蒸気を世界で初めてサンプリングできるかもしれない。今回の気象観測は、台風通過時の水蒸気と雨をサンプリングし、水がもつ同位体の記録から（第6章参照）、「台風がもたらす雨はどの海域から蒸発した水なのか？」に答えをだすことが目的だったからです。

第2章の本編では、台風発生のメカニズムを解き明かす近年の研究を紹介していますが、その多くが数値シミュレーションという手法を用いています。しかし気象学には、気象測器を持ってフィールドに立ち、大気現象を観測するという研究手法もあります。目の前で起きる自然現象を直接的にとらえる気象観測は、非常に面白い。ときには失敗し、ときには教科書にも載っていない予想を超えた観測結果が得られるからです。私は大学院生のときに気象観測を体験し、その感動がきっかけとなり研究者への道を選んだほどです。目の前の自然現象に立ち向かい、その現象のシッポでもとらえてやろうという、小さな人間の大きな挑戦こそが、気象観測の神髄でしょう。瞬間風速60メートル毎秒を超える凶暴な風に飛ばされないように、命綱を体にまきつけて雨をサンプリングする今回の観測も、まさに台風との戦いです。

面白さの裏には難しさもあります。観測する相手が台風ともなれば、その困難さは一段と増します。もっとも研究者を悩ませるのは、台風がいつどこに来るかわからないこと。今回のように、あるひとつの地点で行なう気象観測であれば、何か月も前から観測測器を設置して待ちかまえていても、台風がまったく観測できない空振りも覚悟しなければなりません。

しかし今、台風13号がまっすぐ向かってきます。私の長年の夢だった台風の眼の中にはいれるかもしれない。台風の眼の中を通過すると、暴風雨から晴れ間に激変すると聞く。どんな光景が待っているのだろうか。石垣島の住民の方には大変申しわけないが、まだ水面の影しか見えない大物がヒットしたときの釣り人の気持ちで、台風を釣りあげようとする興奮をおさえられませんでした（図2・6）。

窓の外で荒れていた風は突然静まりました。早朝6時30分、石垣島は台風の眼の中に。私はすぐに外へ飛び出しました。ドアを開けて目の前にひろがった光景は……、晴天でも暴風雨でもなく、穏やかな霧。なるほど。石垣島は小さな孤島で、陸上の影響が小さく、海の上で観測している状況に近い。海上で強い風が長時間吹けば、波が立ち、海からのしぶきが巻き上がります。接近時の暴風により巻き上げられた相当な量のしぶきは、風が弱まった台風の眼の中でも浮遊していて、まるで霧の中にいるような白い世界をつくっていたのです。

目の前で起きている自然がつくりだした絶景に感動したこと、2日間連続で徹夜していたこと、屋根からハブが頭に落ちてきたこと、その他もろもろの予想を超えた展開に、ＥＹＥと叫んだかどうかは記憶にありませんが、私はあのときたしかに台風の中心で絶叫していました。

図2.6　2006年9月16日04:30の石垣島のレーダー観測結果。この後は停電によりレーダー観測は中止。石垣島最接近の約2時間前。

4　台風発生の季節予報——今年の夏の台風は多いか？　少ないか？

エルニーニョ現象と台風発生の関係

図2・7のように、台風は世界の各海域で発生しています。1年間に発生するおよそ80個の台風のうち、日本に襲来する北西太平洋出身のものは、およそ26個です。地球上の台風のおよそ30パーセントは、北西太平洋で誕生していることになります。北西太平洋は、台風にとって「極上のゆりかご」となっています。

北西太平洋が台風最多発地帯になる理由は、台風の発生条件（62ページ参照）と照らし合わせて説明ができます。図2・7のように、北西太平洋の低緯度側は、海面水温が27度以上と高い海域です。この海面水温の高温域は、1年間を通して発生しているので、北西太平洋では冬でも台風が誕生します。台風の他の発生条件も広範囲かつ長期間満たされているので、台風発生のメカニズムが働く機会が多くなり、この海域での台風誕生の頻度も上がります。逆に、海面水温の条件にあてはまっていない南東太平洋や南大西洋では、台風はほとんど発生していません。

北西太平洋の年間台風発生数が26個といっても、それはあくまでも平均です。図2・8を見てもわかるように、1年間の台風発生数は大きく変動しています。多い年では1967年の39個や1994年の37個、少ない年では2010年の14個や1998年の16個と、大きな幅をもっています。前述したように個々の台風の発生を予報する研究も続いていますが、視点を変えた別の挑戦として、ある年の台風の発生頻度は高いか低いかといった、ある期間での台風発生予報を目指す研究もあります。

気象庁は、この先1ヶ月や3ヶ月、暖候期（3~8月）、寒候期（10~翌年2月）の平均的な気候を予測した、季節予報を発表します。この季節予報の予測手法は、数値シミュレーションと、過去に起きた気象要素の関係に基づく統計的手法があります。統計的手法とは、まさに温故知新で、過去の経験が予測の材料になります。その代表例はエルニーニョ・ラニーニャ現象です。エルニーニョ現象は、太平洋の赤道付近の東部から南米のペルー沿岸にかけて、海面水温が平年に比べて高くなる現象です。ラニーニャ現象はその逆で、その海域の海面水温が低くなります。ひとたびエルニーニョ・ラニーニャ現象が発生すると、その状態は1年を超えて続き、その期間に世界各地で異常な天候が起こると考えられています。そのため、季節予報をする時点で、エルニーニョ・ラニーニャ現象が起きていれば、過去の経験が今後を予測するひとつの指針となるわけです。

もし台風の発生頻度とエルニーニョ・ラニーニャ現象が関係していれば、その結果は統計的手

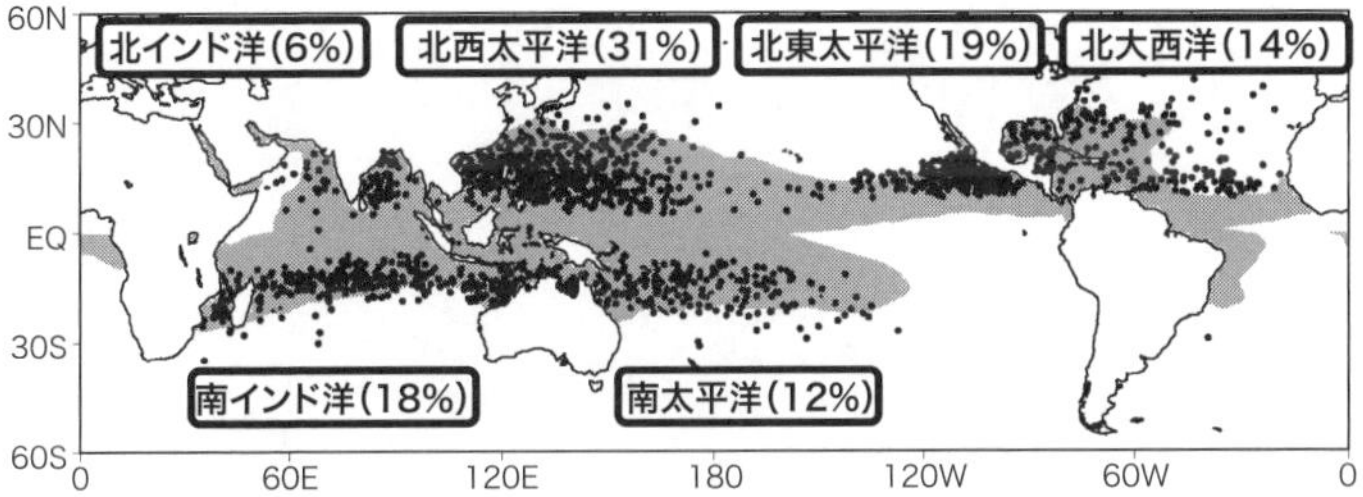

図 2.7　1986 ～ 2005 年の熱帯低気圧の発生位置を黒丸、夏季（北半球は 7 ～ 9 月、南半球は 12 ～ 2 月）の海面水温が 27 度以上の領域を影で示す。

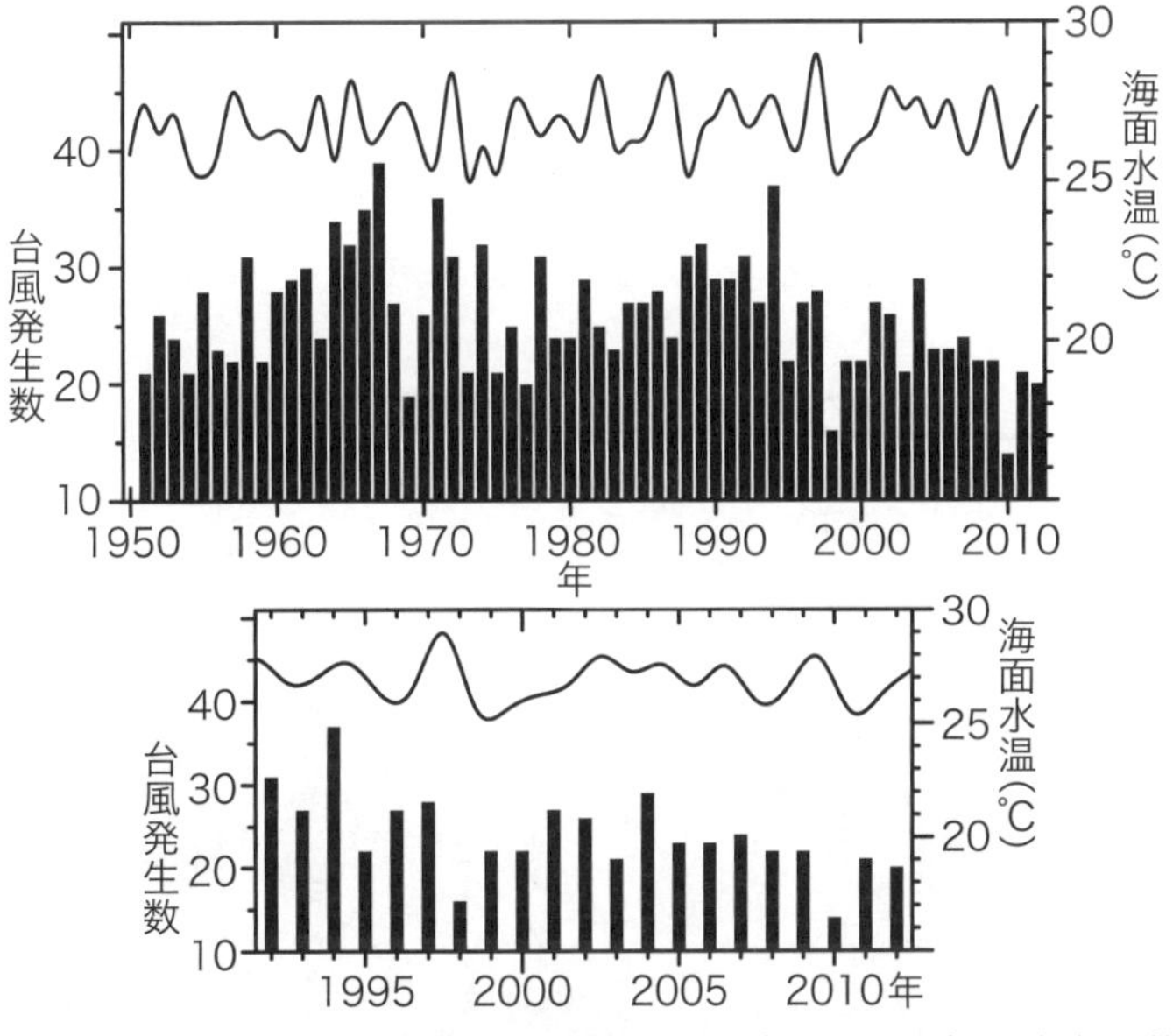

図 2.8　北西太平洋の年間台風発生数と、夏（7 ～ 12 月）の東太平洋の赤道付近（170° -120° W、5° S-5° N）における海面水温の年変化。年間台風発生数を棒、海面水温を折れ線で示す。下の図は 1992 ～ 2012 年を拡大している。

法の材料になり、台風の季節予報に応用できます。そのため、これまで多くの研究者により、その関係性が調べられてきました。しかし残念ながら、図2・8からもわかるように、エルニーニョ年とラニーニャ年をくらべても、北西太平洋の台風の発生頻度には統計的に差がない、と報告されています。本章で定義[2,3]したエルニーニョ年の平均年間発生数は26・6個で平年並み、一方ラニーニャ年では23・1個とやや少なめですが、その差はあまり顕著ではありません。

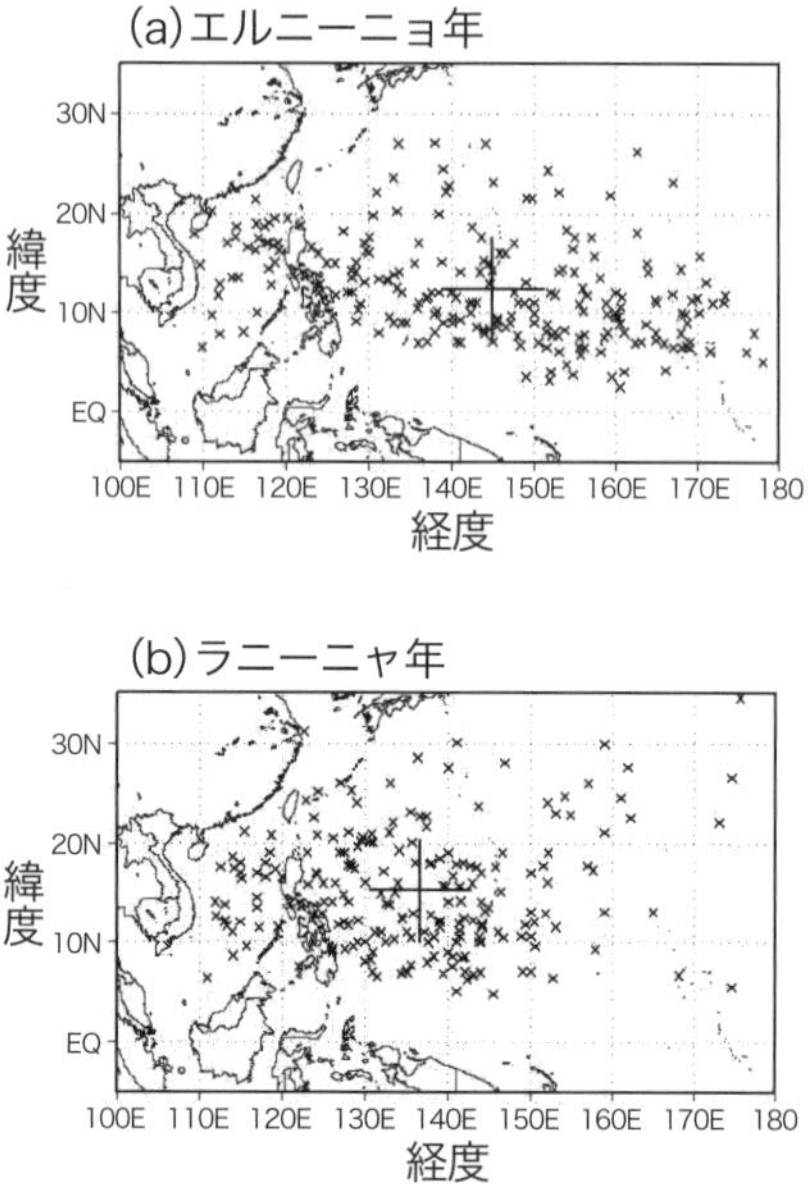

図 2.9 (a) エルニーニョ年と (b) ラニーニャ年での台風発生位置を×印、その平均位置を十字で示す。

ところが、エルニーニョ年とラニーニャ年をくらべて、台風発生域に差がでることが発見されました。図2・9は、エルニーニョ年とラニーニャ年での台風発生位置を示しています。エルニーニョ年には北西太平洋の中央から東部にかけて発生しているのに対し、ラニーニャ年では西部に偏っていて、まるで東西に傾くシーソーのようです。この台風発生域の東西シーソーのメカニズムは、図2・10の積乱雲活発域で説明できます。太平洋赤道上では、年間を通して「偏東風」という東風が吹いています。エルニーニョ年には、平年よりも偏東風が弱まり、太平洋西部の暖かい海水域が東側へ広がることと、ペルー沖の深海の冷たい海水の上昇が弱まることで、太平洋の東部から中央にかけて海面水温が平年よりも高くなります。海面水温が高いところでは、海水の蒸発が活発になり、積乱雲や台風の卵となる雲のかたまりが頻繁に発生します。それにともなって、台風発生域も平年より東側に偏ります。逆にラニーニャ年では、偏東風が平年よりも強く、太平洋西部に暖かい海水が偏ります。そのため、太平洋西部で雲のかたまりが頻繁に発生して、台風発

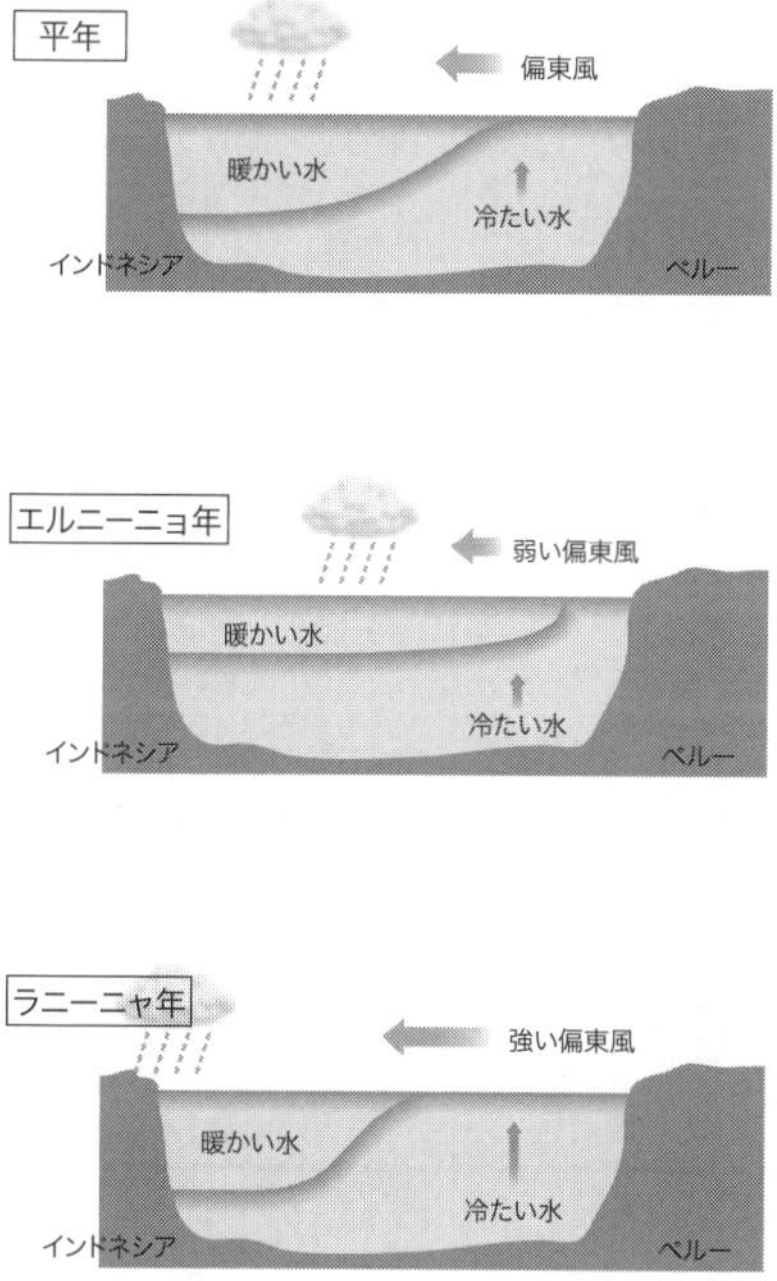

図2.10 平年とエルニーニョ年とラニーニャ年でみた、赤道付近の大気と海洋の状態を示す鉛直断面の模式図。

生域も西に偏ります。この台風発生域の東西シーソーにより、台風の強度も変わります。近年の研究によると、日本や朝鮮半島に上陸した台風に限れば、エルニーニョ年にはラニーニャ年や平年の約2倍の割合で強い台風が襲来することがわかっています（Fudeyasu et al., 2006）。これは、エルニーニョ年には太平洋中央の海域で発生する台風が多くなるので、遠方で発生した台風が日本に到達するまでの長い道のりで、台風がよく発達することが原因です。

バーチャルな世界からみえてきた関係

近年、高度な数値モデルを用いた研究により、エルニーニョ・ラニーニャ現象と台風との関係の理解がすすみました。数値シミュレーションの利点のひとつは、コンピュータで計算したバーチャルな地球上の、調べたい現象に合わせて、計算期間やデータを増やせることです。前述のように、計算期間を延ばせば現実とズレていくのですが、天気予報を目的としていない研究であれば、データ数が限られる観測結果を用いるよりも有効な手法になります。防災科学研究所の飯塚聡博士を中心にした研究グループは、大気と海洋を結合した数値モデルを駆使し、１００年間という長期間の数値シミュレーションを行ないました。そして、北西太平洋上の台風発生頻度とエルニーニョ・ラニーニャ現象のサイクルの間には、これまで知られていなかった関係があることをつきとめました（Iizuka and Matsuura, 2008）。

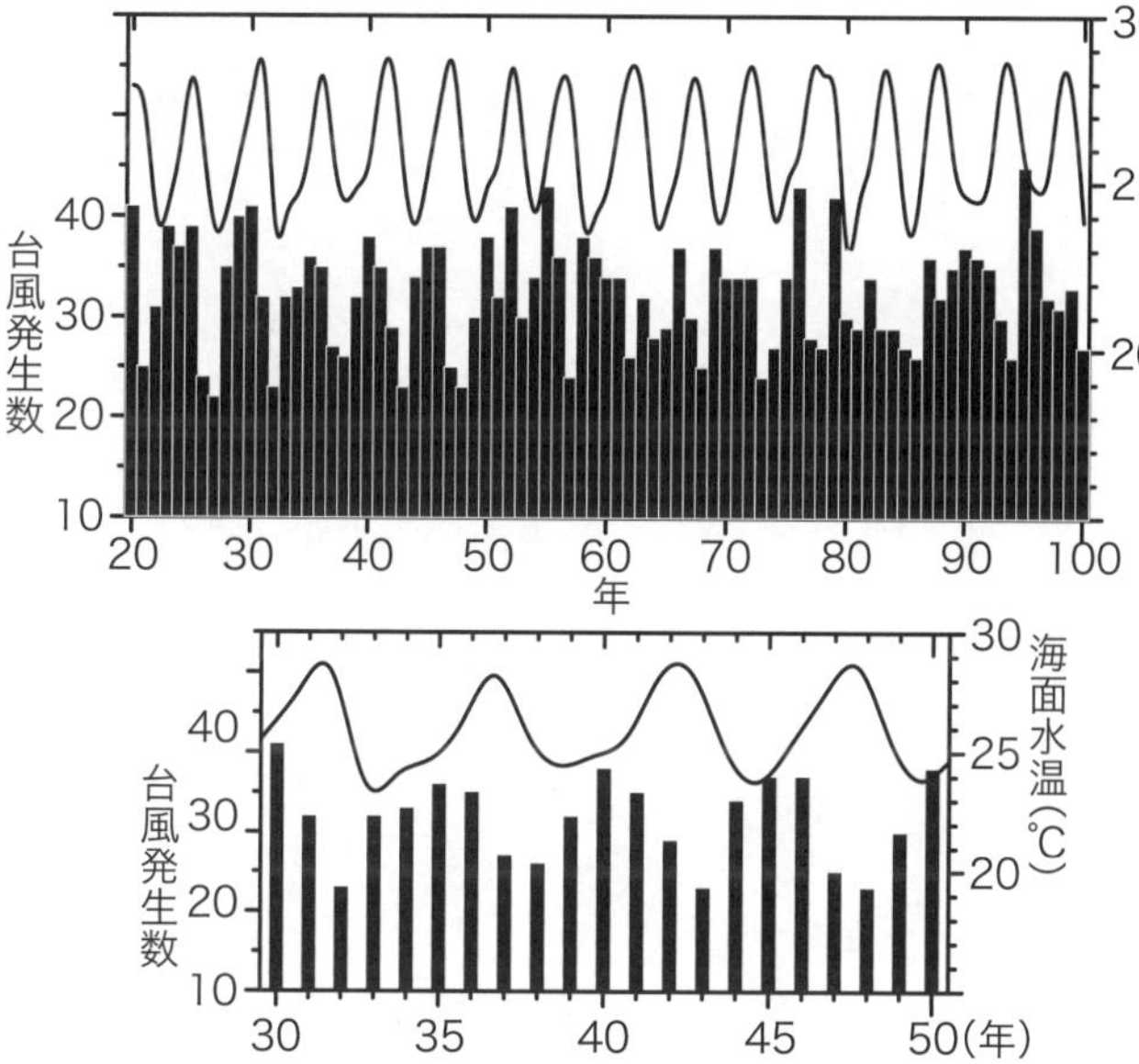

図 2.11　数値シミュレーションで再現された北西太平洋の年間台風発生数と、夏（7～12月）の東太平洋赤道付近の海面水温の年変化。下の図は30～50年を拡大している。データは飯塚聡博士提供。

図2・11は、数値シミュレーションの結果で、東太平洋赤道付近の海面水温と年間台風発生数の年変化です。強いエルニーニョ・ラニーニャ現象と類似した海面水温の変化が、およそ4～6年周期でほぼ規則正しく発生していることがわかります。そして、エルニーニョ年より1～2年前のエルニーニョ現象が発達する年に、北西太平洋の台風発生数が多くなる傾向があり、エルニーニョ年より1～2年後のエルニーニョ現象が衰弱する

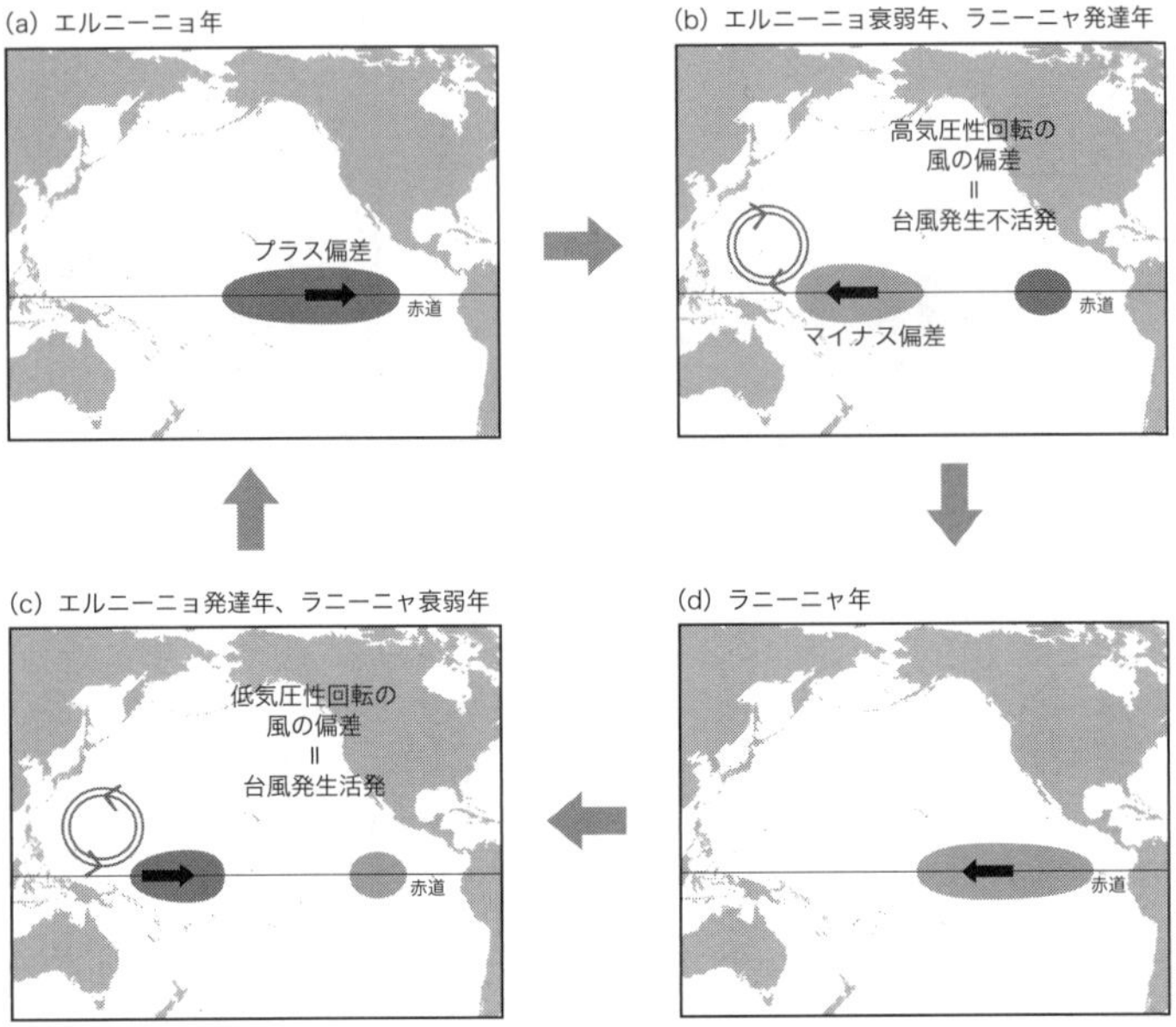

図 2.12　エルニーニョ・ラニーニャ年のサイクルでみた、海面水温偏差と風の偏差の分布を示す模式図。(a) エルニーニョ年、(b) エルニーニョ衰弱年またはラニーニャ発達年、(c) エルニーニョ発達年またはラニーニャ衰弱年、(d) ラニーニャ年。

年には台風発生数が少なくなる傾向がみえます。エルニーニョ年とラニーニャ年は、台風発生頻度の高い年と低い年の移行期であり、それぞれの年で発生数を比較しても、顕著な差はでません。これは、観測データを用いた過去の研究の結果とつじつまが合います。

図2・12は、この数値シミュレーションの研究から考えられた、規則正しく変化する台風発生頻度のメカニズムを描いた模式図です。この模式図にある「偏差」

とは、いつもよりもどう異なるか、という指標です。エルニーニョ年とラニーニャ年の赤道付近で風向きが変わるようにみえますが、どちらも同じ偏東風です。図２・10のエルニーニョ年やラニーニャ年の大気と海洋の現象から、平年の状態を差し引いた指標だとイメージしてください。エルニーニョ年（図２・12a）では、赤道東部から中央で海面水温のプラス偏差と風の東向き偏差が、ラニーニャ年（図２・12d）では海面水温のマイナス偏差と風の西向き偏差が発生します。このエルニーニョ年とラニーニャ年の間には、エルニーニョ現象に向かっていくエルニーニョ発達年（またはラニーニャ衰弱年、図２・12c）や、エルニーニョ現象が終息したエルニーニョ衰弱年（またはラニーニャ発達年、図２・12b）がそれぞれその間にあり、ひとつなぎのサイクルになっています。

海面水温の偏差は、エルニーニョ現象やラニーニャ現象の発達年に太平洋赤道付近の西部から中央にかけて発生して、それから1～2年かけて東部に移動します。そして、海面水温のプラス偏差域では風の東向き偏差を、マイナス偏差域では西向き偏差をともなっています。したがって、エルニーニョ発達年の西太平洋の赤道域では、いつもよりも風の東向きの偏差が発生する傾向になります。この赤道付近に風の東向き偏差があると、それよりも高緯度側の北西太平洋上で、大規模な低気圧性の回転の風が強化されます（図２・12c）。その結果、台風の発生条件の1つでもある大規模な低気圧性回転の風が平年よりも強まることになり、台風発生の頻度が平年よりも上がると考えられます。エルニーニョ衰弱年では、それとは逆の風の偏差が発生し、北西太平洋では高気圧性回転の風が強化されるために、台風発生頻度は平年よりも下がります（図2・12b）。この研究で得られた仮説は、前述したトップダウン仮説やボトムアップ仮説のように台風ひとつの発生メカニズムを説明したものではなく、台風の発生条件がエルニーニョ・ラニーニャ現象とどう結びついているかを考えています。

図2・11で示した規則正しい4～6年周期の海面水温と台風発生頻度の変化は、図2・8の現実の観測結果からは顕著に検出できません。しかし、強いエルニーニョ年とラニーニャ年の間の移行期に、台風発生頻度の一貫した変化が起きるメカニズムをさしています。この新たな知見をふまえて、図2・8の現実の台風発生数の年変化をもう一度ながめてみると、台風発生数が非常に少なくなる1998年と2010年は、強いエルニーニョ年からラニーニャ年に移行する年だったことがわかります。この年に台風発生頻度が下がった原因は、さらに研究を深めなければ確かなことはいえませんが、新しい知識を増やして視点を変えると、これまで見えなかった現象の新たな側面が見えてくる、ということです。

5　台風予測への挑戦！

日本の科学技術が切りひらく未来

台風発生が予測できたら、災害軽減や経済効果など、あらゆる面においてすばらしい影響をきっと与えるでしょう。世界中の台風研究者は、社会に貢献するべく、半世紀以上も前から台風発生の研究をしてきました。しかしながら、依然として台風の全容の解明にはいたっていません。台風発生の研究を困難にしている壁は、おもに2つあります。1つは、台風が熱帯の広い海の上で発生していることです。もし陸上で台風が発生すれば、現在の気象観測網は台風発生の一部始終を捉えられるでしょうが、海の上ではそうもいきません。気象観測のアプローチが難しいのであれば、数値シミュレーションで解き明かしてはどうでしょう。しかし、ここでもう1つの壁が登場します。台風発生メカニズムの本質が多重スケール相互作用であることです。万能と思える数値シミュレーションをもってしても、台風発生を完全に再現するには限界がありました。

コラム1で紹介したように、ほとんどの数値モデルの計算点は網目設計になっています。台風発生をもたらす多重スケール相互作用を解明する数値シミュレーションでは、大規模な気象現象から小規模な積乱雲の振る舞いまで、すべてを適切に再現しなければいけません。そのためには、地球全体をきめ細かい網目にする必要があります。しかしながら、コンピュータの能力や数値モデルの限界があるため、そのような数値シミュレーションには、非現実的な計算時間を要します。つまり、台風発生のメカニズムを解明する数値シミュレーションには、高い計算能力をもつコンピュータと高精度の数値モデルが求められていました。

この限界の壁を突破したのが、日本の技術です。2002年、科学技術庁（現文部科学省）は、スーパーコンピュータ「地球シミュレータ」を開発しました。この地球シミュレータは、当時のスーパーコンピュータのランキングで2年半にわたって世界1位であり続けた、伝説のスーパーコンピュータです。さらに、その超高速計算機の能力を十分に発揮できる高精度の数値モデルも登場しました。従来の数値モデルでは、コラム1の図のように、計算点を碁盤の目のような四角形の網目で地球をおおっています。計算技術上、すべて同じ形の網目にしたいのですが、北極や南極付近の高緯度ではいびつな四角形の網目になります。同じ形の平面で球体表面すべてをおおうのは、とても難しいことなのです。

この計算技術上の問題を打破すべく、東京大学の佐藤正樹教授や海洋研究開発機構の研究者を中心に、新しい数値モデルの開発が行なわれました。まず図2・13aのように、正二十面体を考えます。正二十面体は正三角形20枚でつくられた立体です。そして、図2・13bのように、その正二十面体のひとつひとつの正三角形を4つの三角形に分割します。すると、一まわり小さい三角形80枚で立体がおおわれます。この三角形の分割作業を繰り返し、加えて、それぞれの三角形の頂点を球体面の高さにまでずらすことにより、球体に近い立体を、同じ形の三角形の面でおおうことが可能になります（図2・13c、d）。数値シミュレーションの計算面を、四角で区切った碁盤の目ではなく、正二十面体をもとにした三角形で区切るという斬新な発想により、低緯度から高緯度まで一様に、きめ細かい網目で計算することが可能となりました。この新しい枠組みの数値モデルは、Nonhydrostatic ICosahedral Atmospheric Model (NICAM)、「ニッカム」と名付けられました。

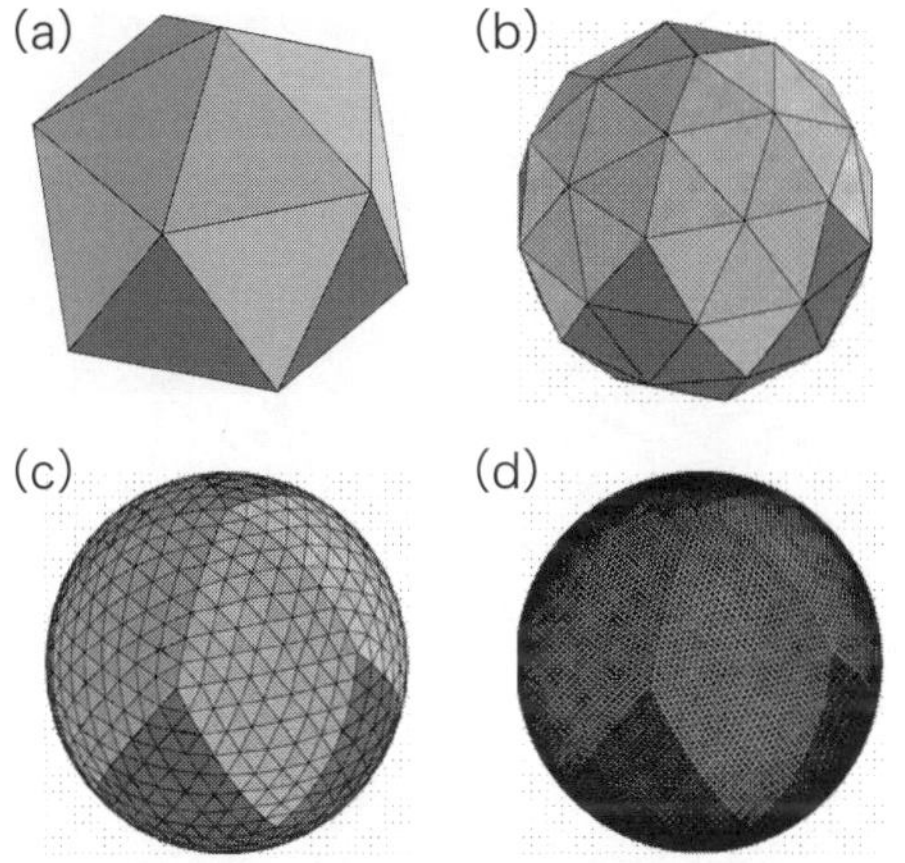

図2.13　NICAM網目設計の発想。(a) 正二十面体から (b) 正三角形を4つに分割した立体。(c) (d) は分割を繰り返した立体。佐藤正樹教授提供。

この世界に誇る日本のスーパーコンピュータ「地球シミュレータ」と全球高解像度数値モデル「ニッカム」の登場により、全地球を3・5キロメートルという細かい網目でおおう計算設計で数値シミュレーションが行なえるようになりました。その結果が、本章の冒頭のクイズ（図2・1下）です。そこには、台風発生解明の第一歩となる結果が再現されていました（Fudeyasu et al., 2010など）。また、水平スケール1キロメートルの積乱雲を再現するには、その数値シミュレーションの網目は十分ではないのですが、現在も、網目をさらに細かくした数値シミュレーションや台風発生研究が行なわれています。このように、世界から注目されている日本の科学技術を用いて、多くの研究者が台風発生の予測研究をすすめています……台風による人的被害がゼロになる未来を目指して。

2・1　北半球では低気圧性回転は反時計まわり、南半球では時計まわりになります。

2・2　本章で記す渦巻きとは、空気がぐるぐると何度も回転して3次元のらせん構造をもつ大気現象をさしています。

2・3　東太平洋赤道付近（西経170～120度、南緯5度～北緯5度）の7～12月平均海面水温が、平年値から1度以上の差がある年を、エルニーニョ年（1957、1965、1972、1982、1987、1991、1997、2002、2009）とラニーニャ年（1954、1955、1964、1973、1975、1988、1998、1999、2010）とします。

コラム5　風が吹けば台風研究者

台風を研究して15年ほどが経ちます。今では台風が接近してくれば心が踊り、気象測器をたずさえて台風を追っかけるほど、台風好き研究者になってしまいました。しかし振返ってみると、子どものころから空を見ることや、天気図を書くことが好きだったわけではありません。大学生になるまで気象学に出会うことも、台風の被害を受けるような経験もありませんでした。特別な思い入れはなかった台風の、研究者になった私の道のりは、まさに「風が吹けば桶屋が儲かる」といった奇遇です。

岡山大学大学院1年生だった私は、修士論文の研究として、国際プロジェクトGAME-Tibet（第6章参照）のチベット集中観測に参加させていただきました。目前にしたチベット高原の真っ青な空に感激しましたが、それ以上に、自然現象を測る「観測屋」と呼ばれる研究者に出会い、壮大な自然に立ち向かう彼らの姿にあこがれました（図2・14）。帰国後も「気象観測をやりたい」という熱は高まり、地元岡山の大気現象を観測するようになりました。私の未熟な観測計画にも、当時の指導教官・塚本修教授は快くサポートをしてくださいました。

岡山県北東部の那岐山《なぎさん》（標高1250メートル）南麓では、その地域だけで吹く局地風「広戸風《ひろどかぜ》」が有名です。私は、その広戸風が吹くときの那岐山山頂の気圧を測るという観

図 2.14　チベット高原での写真。当時学生だった著者は、このチベットの大自然よりも、写真の真ん中で身を小さくして気象観測測器を操る研究者にあこがれた。写真は玉川一郎准教授提供。

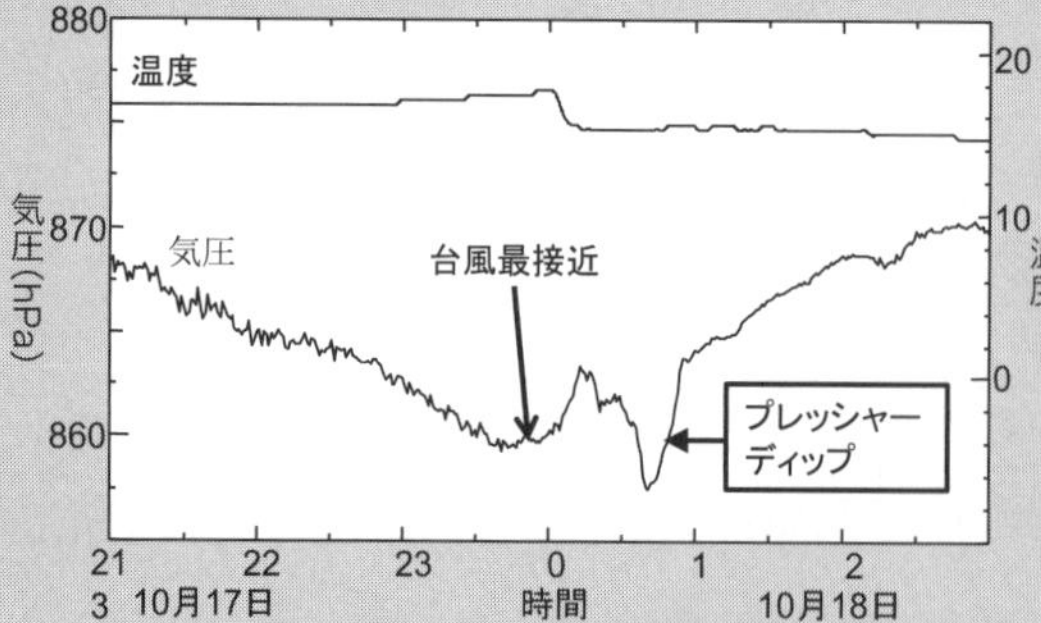

図 2.15　1998 年 10 月 17 日の台風 10 号通過時に、岡山県那岐山山頂で観測された気圧と温度の時間変化。台風通過によるゆっくりとした気圧の低下と上昇がみられるが、23:40 の台風最接近後、0:30 ～ 0:40 に気圧が 10 分間で 5 ヘクトパスカルも急低下するプレッシャーディップ現象が観測されている。

測計画を立てました。広戸風の最大の特徴は、台風が紀伊半島南岸を通過するときにのみ発生するところです。そのため、日本に接近してきそうな台風が発生するたびに、那岐山山頂に気圧計を設置しました。山頂まで2時間もかかる山登りですが、気象観測に情熱を燃やしていた私は、何度も那岐山に登りました。しかし、思いどおりにいかないのが自然相手の気象観測。台風がころっと進路を変えてしまい、広戸風が発生しないという観測失敗を繰り返しました。

1998年の台風10号、運命の台風は台風シーズンが終わる10月中旬にやってきました。台風が接近する3日前、天気が悪いなかの登山を試みましたが道に迷い、山頂まで6時間もかかってしまいました。山頂に気圧計を設置するやいなや、暗い山道を転がるように下山。民家の光が見えたときは、同行してくれた研究室の友人と抱き合って喜んだことをよく覚えています。ところが、この勇敢（？）で無謀（！）な学生の熱い気持ちを知らない台風は、予想されていた進路をあっさり変えて、四国・中国地方に上陸し、那岐山を直撃。広戸風が吹くはずの地域は、暴風雨により記録的な災害まで起きてしまいました。広戸風どころではありませんでした。

しかし、まさに「風が吹けば（吹かなければ？）……」です。また失敗と思われた気象観測は予期せぬ結果を生んだのです。数日後に回収した気圧計は奇跡的に無事であっただけでなく、「プレッシャーディップ」という珍しい現象をしっかりと観測していました（図2・15）。プレッシャーディップ現象とは、台風の中心付近で発生する気圧急低下現象で、1952年に藤田哲也博士（第3章で登場）によって名付けられて以降半世紀、その発生要因は解明されていませんでした。このときから私は、迷うことなく、チベット研究も広戸風研究もそっちのけで、自分たちで観測したプレッシャーディップ現象を追いかけはじめました。そして、チベットで出会った台風研究者の林泰一准教授をたより京都大学の博士課程に進み、台風内部の構造とプレッシャーディップ発生要因の研究で博士号を取得。その後も数か所の研究所で台風研究を続けさせていただき、現在は台風章のコラム執筆中です。

チベット高原で出会った観測屋にあこがれ、気象観測の偶然の産物からはじまった私の台風研究の道。「研究の楽しさ」を知ってからは、人生の計画も不安も考えず、「出たとこ勝負」で研究にのめりこんできました。多くの人に支えてもらい、これまで研究を続けられたのは、我ながら運が良かっただけだと思います。しかし今では、興味を広くもち、チャンスや出会いを大事にしていけば、ときには幸運がつかめることも、私は身をもって知っています。これからも、失敗や挫折を恐れずに、大好きな研究を続けていきたい、……風が吹こうと吹くまいと。

引用・参考文献

Miura, H., M. Satoh, T. Nasuno, A. T. Noda, and K. Oouchi: A Madden-Julian Oscillation event realistically simulated by a global cloud-resolving model. Science, 318, 1763-1765, 2007

Ritchie, E. A. and G. J. Holland: Scale interactions during the formation of typhoon Irving. Mon. Wea. Rev., 125, 1377-1396, 1997

Montgomery, M. T., M. E. Nicholls, T. A. Cram, and A. B. Saunders: A vortical hot tower route to tropical cyclogenesis. J. Atmos. Sci., 63, 355-386, 2006

Fudeyasu, H., S. Iizuka, and T. Matsuura: Impact of ENSO on landfall characteristics of tropical cyclones over the western North Pacific during the summer monsoon season. Geophys. Res. Lett., 33. L21815, 2006

Iizuka, S. and T. Matsuura: ENSO and western north pacific tropical cyclone activity simulated in a CGCM. Climate Dynamics, 30, 815-830, 2008

Fudeyasu, H., Y. Wang, M. Satoh, T. Nasuno, H. Miura, and W. Yanase: Multiscale interactions in the life cycle of a tropical cyclone simulated in a global cloud-system-resolving model. Part I: Large-scale and storm-scale evolutions. Mon. Wea. Rev., 138, 4285-4304, 2010

第 3 章

竜巻の研究

1999 年 9 月 24 日に
愛知県豊橋市で発生した F3 竜巻。

この第3章では、地表でもっとも強い風を吹かせる「竜巻」の研究についてお話ししましょう。米国では、陸上で発生する竜巻のことを「トルネード（tornado）」、海上で発生する竜巻のことを「ウォータースパウト（water spout）」と区別して呼んでいます。しかし、いずれも本質的には同じものですので、ここでは便宜上、「竜巻」という表現をおもに用いることにします。

1　ミスター・トルネードの功績——竜巻を測る

ミスター・トルネード、藤田哲也博士

ミスター・トルネードと呼ばれる日本人が米国にいました。といっても、トルネード投法の野茂英雄投手のことではありません。藤田哲也博士のことです。藤田博士は、気象学の世界にノーベル賞があるとすれば間違いなく受賞していただろうといわれるほどに、今日の気象学発展の礎を築いた偉大な研究者のひとりです（図3・1）。藤田博士の経歴によれば、当初より気象学を専門としていたわけではなく、明治専門学校（現在の九州工業大学）の機械科で地質学や地形学

に関する研究をしていました。その後、台風の解析的研究により東京大学にて理学博士の学位を受け、シカゴ大学の客員研究員となりました。1965年からは、同大学の教授として竜巻などの積乱雲にともなう激しい突風に関する調査・研究に従事するようになりました。

藤田博士の主たる研究業績のひとつとして「ダウンバースト」の発見が挙げられます。ダウンバーストは、竜巻とはまったく別の現象ですが、同じく積乱雲にともなって生じる激しい突風現象として、今日ではよく知られています。

図3・1　1991年ごろのミスター・トルネードこと藤田哲也博士。（藤田哲也記念会 提供）

藤田博士は1977年、ウィスコンシン州北部で発生した、放射状に樹木が倒れた突風被害を空から観察していました。その当時の気象学者は、そのような被害もまた竜巻によってもたらされると考えていました。しかし、藤田博士は、これが竜巻による被害だとすれば、放射状に樹木が倒れることはないだろうと疑問をもっていました。

そして藤田博士は、以前に見たことのある光景を思い出しました。1945年の長崎と広島でのことです。明治専門学校時代に藤田博士は、長崎と広島の原爆被害を調査していたのです。その調査のなかで、原爆が残した爪痕から、藤田博士はあることに気づきました。樹木は爆心地から外向きに放射状に傾いたり倒れたりしていたのです。

一見無関係にみえる米国と日本の被害地の光景がひとつに結びつきました。この放射状の倒木被害は、原爆の爆風による被害と同じように、積乱雲による冷気が下降気流となり地面にぶつかり放射状に広がることによって生じていたのです。つまり、竜巻による被害とはまったく別物だったのです。藤田博士は、その下向き「ダウン（down）」に爆発的に広がる「バースト（burst）」ことで生じる新種の強風のことを「ダウンバースト（downburst）」と名付けました（藤田、2001）。

藤田博士の観察眼の鋭さと想像力の豊かさを如実に物語っています。

表3.1　藤田スケールごとの推定風速とその被害。（藤田（2001）p.34を参考に作成）

藤田スケール	推定風速	被害
F0(軽微な竜巻)	17～32メートル毎秒	小枝が折れ、テレビのアンテナが折れる
F1(中庸な竜巻)	33～49メートル毎秒	木の幹が折れ、ガラス窓が割れる
F2(顕著な竜巻)	50～69メートル毎秒	大木が倒れ、弱い非住家が倒壊する
F3(激甚な竜巻)	70～92メートル毎秒	大木が根こそぎになり、壁が崩壊する
F4(荒廃な竜巻)	93～116メートル毎秒	人家がバラバラになって飛散する
F5(驚愕な竜巻)	117～142メートル毎秒	人家が跡形ともなく吹き飛ぶ

竜巻の強さスケール――藤田スケール

ミスター・トルネードの功績は、ダウンバーストの発見にとどまりません。この章の本題である竜巻についても、いくつかの重要な研究成果を上げました。そのひとつが、竜巻の強さスケール「藤田スケール」の提案です。

竜巻は時間・空間スケールの非常に小さな現象であるため、通常の観測網でその風を直接計測するのは困難をきわめます。しかし、発生した竜巻の規模を統一的な指標により系統立てて調査することは、竜巻の発生メカニズムを理解するうえで、また、建物の耐風基準を設定するうえでも重要になってきます。とくに、竜巻による死者数が年平均82名（1961～1990年の統計）と、毎年のようにその破壊的な被害に苦しめられている米国においては、竜巻の規模を測るための尺度の導入が長年にわたって待望されていました。1971年、藤田博士はその期待に応え、竜巻の風速をその被害の度合いから推定する藤田スケール（Fスケール）を発表しました（藤田、2001）。

藤田スケールは、表3・1に示すようにF0からF5までの6段階で竜巻の強さを細分化した等級であり、地震でいうところの「震度」とよく似ています。「F」は、当然、Fujitaの頭文字のFです。竜巻の被害調査の際には、実際に現地に出向いて、表のような被害の度合いに応じて藤田スケールを判定します。この藤田スケールの定義は、竜巻の強さを科学的に分析するための第一歩となったのです。

音速竜巻!?——強化藤田スケール

藤田スケールは、提案されてから40年以上経過した現在でも、米国のみならず日本やカナダなど世界各国で用いられています。気象学に少しでも興味をもったことのある読者の皆さんならば一度は耳にしたことがあるのではないかと思います。じつは、この藤田スケールのオリジナルには、F5を大きく超えてF12まで存在していたのです！

図3・2は、藤田スケールと風速との関係を示したものです。これには、3つの異なる傾きをもつ線が描かれており、藤田スケールのみならず「ビューフォート風力階級」や「マッハ数」と

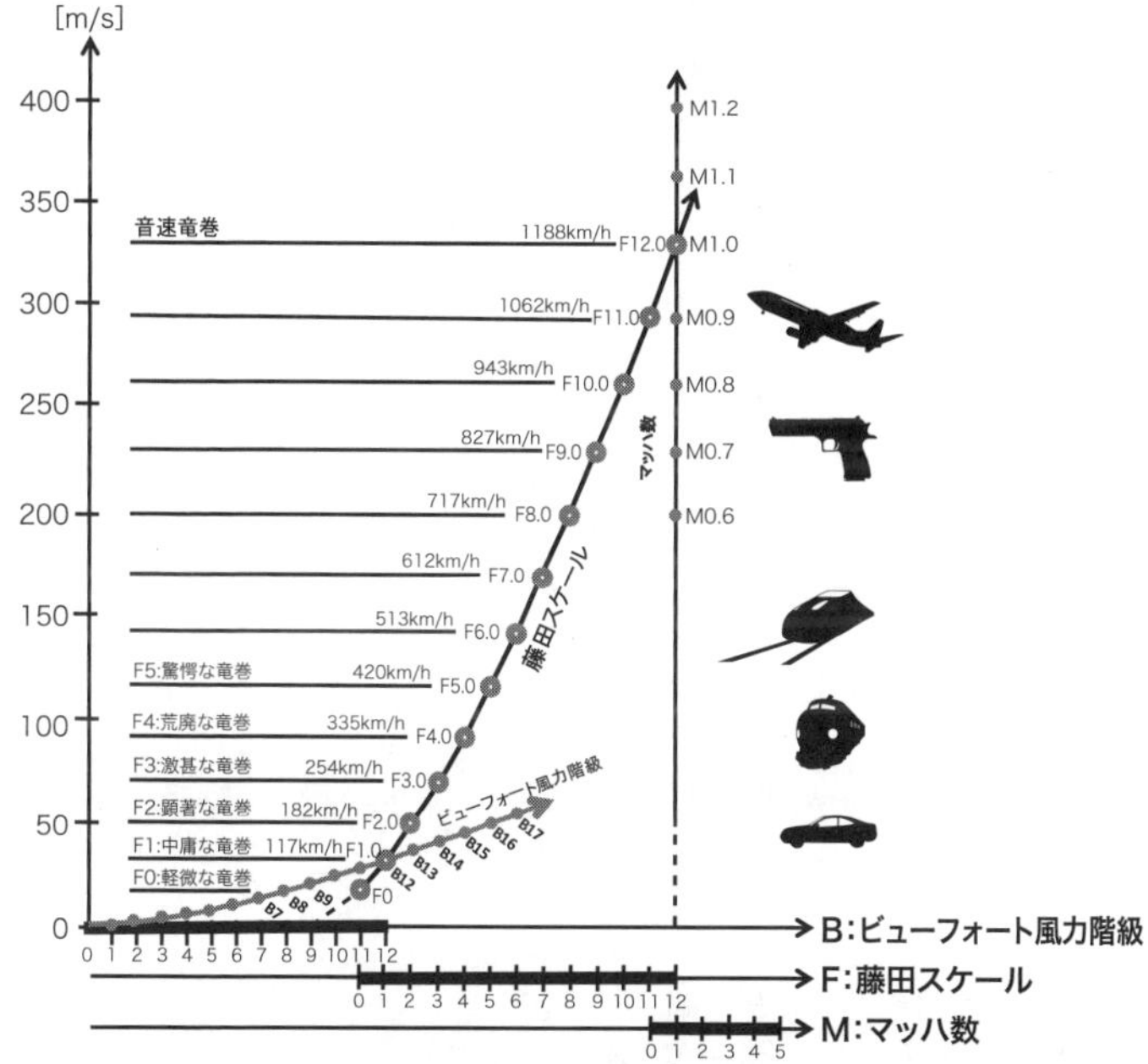

図 3.2　藤田スケールと風速の関係。（米国気象局ホームページ（http://www.spc.noaa.gov/efscale/）を参考に作成）

風速の関係も同時に示されています。そして、藤田スケールはビューフォート風力階級とマッハ数の間をつなぐ役割を果たしていることがわかります。ビューフォート風力階級とは、気象庁でも採用している風の強さを表す等級で、B0（平穏：0メートル毎秒）からB12（ハリケーン：33メートル毎秒）まであります。B12は藤田スケールではF1に相当しています。また、マッハ数とは風速と音速の比で定義される指標で、M1（音速：約340メートル毎秒）は藤田スケールのF12

に相当しています。そして、最大級のF12竜巻の風速は、仮に存在するとすればジャンボジェット機よりも高速となるのです。しかし安心してください。F5を超える竜巻が発生するような大気状態になることはきわめて稀で、ましてや、F12に分類される音速竜巻が地球上で発生することは間違いなくないと考えられています（Nakazato et al., 2009）。

藤田スケールはビューフォート風力階級やマッハ数と互換性のある優れものなのですが、いくつかの問題点が指摘されています。たとえば、藤田スケールは、現地調査を実施する人の判断に依存する主観的な評価手法であるという点です。F2とF3の間には、最小で風速50メートル毎秒、最大で風速92メートル毎秒の差があります。1段階の判断を間違えることで、風速にして2倍近い大きな誤差を生む可能性があるのです。また、藤田スケールは一般家屋の被害を想定しているため、とくにF3より強い竜巻に対して風速を過大に評価してしまう傾向があるといわれています。本来は、被害に遭った建物の強度を個別に考慮して藤田スケールを決定する必要があります。

このような問題に対応すべく、2006年に米国気象局は強化（enhanced）藤田スケール（EFスケール）を発表しました。元来の藤田スケールの基本コンセプトをそのまま受け継いだ強化藤田スケールは、米国における標準的な28種類の構造物の被害の程度を区別することができ、従来に比べてより正確かつより客観的に竜巻規模を測定できるようになりました。

２００７年より米国気象局では、従来の藤田スケールに代わりこの強化藤田スケールを現業に採用しています。

藤田スケールでみる米国と日本の竜巻

表３・２左の米国の竜巻の統計についてみてみましょう（Simmons and Sutter, 2011）。竜巻の本場米国では、１９５０〜２００７年の統計によると、年間に平均８７４個の竜巻が発生しています。これより、１００キロメートル四方内の年間発生数は０・91個となります。その内訳をみると、F０やF1といった弱い竜巻は年間に約６５３個（77・6パーセント）、F２やF３といった強い竜巻は年間に約１７７個（21・1パーセント）、F４やF５といった猛烈な竜巻は年間に平均10個（1・2パーセント）となります。発生する大半の竜巻は弱い竜巻であることがわかります。また、どんなに猛烈な竜巻であっても観測的にF５（風速１４２メートル毎秒）を超える竜巻は存在していないようです。

次に、表３・２右の日本の竜巻についてもみてみましょう。ここでは、２００７年以降の６年間の統計をみます。米国に比べて日本での竜巻発生数はぐんと減り、年間に平均24個の竜巻が発生しています。発生数だけでみると、米国に比べて日本の竜巻はおよそ36分の1程度になります。しかし、日本の国土面積は米国の約25分の1程度ですので、１００キロメートル四方内

藤田スケール	米国（1950年～2007年統計）竜巻発生数	（割合）	日本（2007年～2012年統計）竜巻発生数	（割合）
不明	31.8個/年		1.3個/年	
F0	369.3個/年	(43.8%)	15.2個/年	(66.9%)
F1	284.9個/年	(33.8%)	6.7個/年	(29.4%)
F2	140.0個/年	(16.6%)	0.7個/年	(2.9%)
F3	37.9個/年	(4.5%)	0.2個/年	(0.7%)
F4	9.3個/年	(1.1%)	0.0個/年	(0.0%)
F5	1.1個/年	(0.1%)	0.0個/年	(0.0%)
合計	874.2個/年		24.0個/年	

表 3.2　米国と日本における藤田スケールごとの年平均竜巻発生数。（Simmons et al.（2011）の表 2.2 と気象庁ホームページの竜巻等突風データベース（http://www.data.jma.go.jp/obd/stats/data/bosai/tornado/index.html）を参考に作成）

の平均年間発生数は０・64個で、米国に匹敵する竜巻発生確率となります。その内訳をみると、大半はＦ０かＦ１の弱い竜巻（96・3パーセント）であり、Ｆ２やＦ３の強い竜巻は数えるほどしか存在しません（３・６パーセント）。また、米国では年間に10個程度は発生するＦ４やＦ５といった猛烈な竜巻は、今日まで日本国内で発生したという報告はありません。

このように、まったく異なる2国間の竜巻規模を比較できるのも、すべてはミスター・トルネードによる発明、藤田スケールのおかげなのです。

2　ストームチェーサーがとりつかれる竜巻──竜巻のなかへ！

ストームチェーサー──VORTEX

米国にはストームチェーサー（嵐の追跡者）と呼ばれる人たちがいます。といっても、アイドルグループの追っかけのことではありません。竜巻を追いかける人たちのことです。ふつうの人ならば竜巻がやってきたと聞けば一目散に逃げ出すはずですが、ストームチェーサーは違います。毎年4～6月の竜巻シーズンになると、ストームチェーサーたちは、米国中西部の「竜巻常襲地帯」と呼ばれる大平原地帯において竜巻を求めて駆け巡るのです。彼らは、猛威をふるう竜巻の姿に魅せられ、危険を承知で、少しでも近くで竜巻を観察しようと願ってやまないのです。

ストームチェーサーの大半はアマチュアですが、まれに竜巻の研究者もいます。とくに有名なのがVerification of the Origins of Rotation in Tornadoes Experiment（VORTEX）と呼ばれる竜巻調査研究プロジェクトのメンバーです。彼らが竜巻を追いかける理由は、最新の観測測器を導入して、竜巻の発生メカニズムを解明し、より正確な竜巻予測の実現につなげることにあります。1994年と1995年に実施されたVORTEXでは、竜巻の内部構造を詳細に調査するためのさまざまな観測が行なわれました。合計120名もの気象専門家が一堂に会した一大プロジェクトでした。このなかで、ドップラー気象レーダーと呼ばれる竜巻内部の風速を測定できる特殊なレーダーを車に搭載して、後述する1995年にテキサス州ディミットにて発生した竜巻を追跡し、その内部構造を観測することにはじめて成功しています（Wurman et al., 1996）。また、「タートル」と呼ばれる気温計と気圧計を内蔵したまさに亀のような形をした気象測器を竜巻の進路上に先回りして多数配置することで、竜巻の内部の気象変化を直接観測しようという興味深い試みもなされました。残念ながら、竜巻の中心がタートルを直撃することはありませんでしたが、テキサス州アリソンにて発生したF4竜巻の中心が約660メートル離れたタートルをかすめて通り過ぎていきました。その結果、およそ55～60ヘクトパスカル程度の、強い台風並みの気圧降下が観測されています（Winn et al., 1999）。

VORTEXの研究成果は、それまで先行していた理論・室内実験・数値実験による竜巻の理解を、観測データによって実証できたという点において重要な意味がありました。

竜巻の渦はどこからやってくるのか？

ここでは、VORTEX以降、通説となっている竜巻の発生メカニズムについて議論しましょ

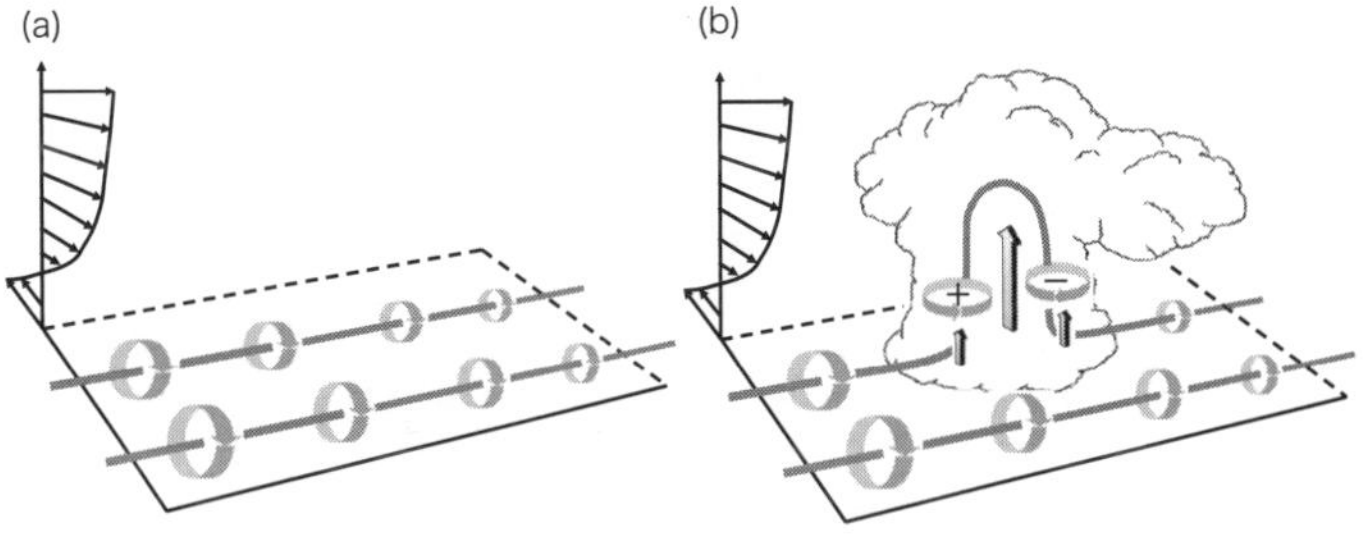

図 3.3　中層での鉛直渦（メソサイクロン）の生成メカニズム。
（Klemp（1987）の図 3 を参考に作成）

う。一般的に竜巻の発生メカニズムには、「スーパーセル」によるものと「非スーパーセル」によるものの2種類あるといわれていますが、ここでは、F4やF5といった猛烈な竜巻を生み出すスーパーセルにともなう竜巻に議論の的を絞ります（Klemp, 1987）。

ここでスーパーセルとは、単一の巨大で長寿命な積乱雲のことをいいます（積乱雲の詳細については第4章）。そのなかに巨大竜巻が発生するのです。典型的なスーパーセルの発生環境として、まず、大気が十分に不安定で強い上昇流が発生しやすい状態で、かつ、上空ほど風速が強い状態が必要となります。そのような大気状態では、図3・3に示すように、水平方向に寝ている渦（水平渦）が上昇流によってゴム管のように上向きに曲げられ、中層（高度3～5キロメートル）に直径2～5キロメートル程度の鉛直渦のペアが形成されます。このようにして形成された鉛直渦はメソサイクロンと呼ばれ、周囲よりも気圧が低くなるため上昇流が発達します。

ただ、この中層のメソサイクロンが地上にまで伸びて竜巻になるわけではありません。

竜巻となる鉛直渦を下層で生み出すためには、図3・4に示すように、スーパーセル内部の下降する空気の流れ、下降流の存在が重要となってきます。この下降流は、雹《ひょう》などの大きな降水粒子が落下する際に周囲の空気が引きずられることによって生じ、降水粒子が蒸発して空気が冷やされることによって強化されます。下降流は地表にぶつかるとダウンバーストのように水平方向に広がり、下層でガストフロントと呼ばれる、水平方向に気温変化の大きな不連続線（前線）を形成します。このガストフロントを境にして、下降流側では冷たく重い空気塊が下降しようとし、その反対側では暖かく軽い空気塊が上昇しようとするため、水平方向の浮力差が生じ、水平渦が強化されます。その後、その水平渦をともなった空気塊がメソサイクロン直下の上昇流域に流れ込むことで、水平渦が立ち上が

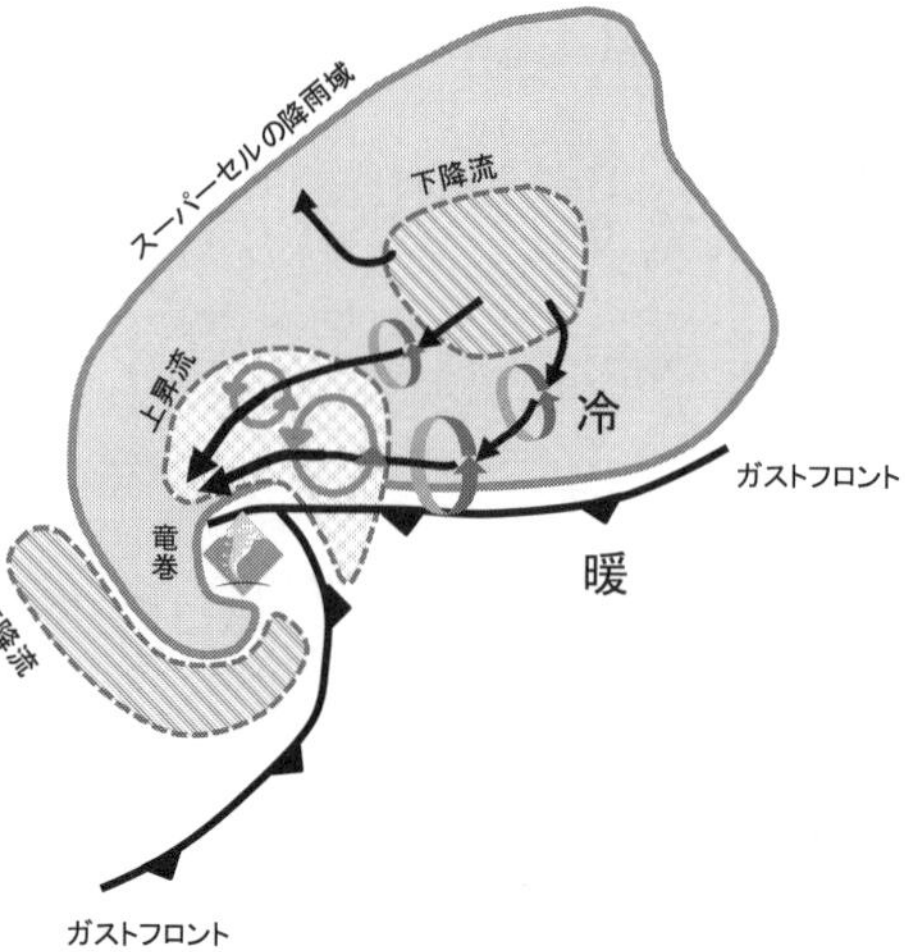

図3.4　下層での鉛直渦（竜巻）の生成メカニズム。（Klemp（1987）の図12を参考に作成）

り、下層でも鉛直渦が形成されるようになります。さらに、ガストフロント上に達した鉛直渦が上昇流によって引き伸ばされることによって竜巻が形成されるのです。この鉛直渦の引き伸ばしは、フィギュアスケートのスピンと同じ原理で説明できます（詳しくは第1章）。また、竜巻が発生するか否かは、下層のガストフロントと中層のメソサイクロンの微妙な位置関係で決まるため、すべてのスーパーセルでかならず竜巻ができるというわけではなく、竜巻が発生する確率は米国では20パーセント程度といわれています。ただ、日本ではスーパーセルの発生確認数が数例しかないため、どの程度の確率で竜巻が発生しているかは明らかになっていません。

近年になり、米国ではVORTEXの後継プロジェクトが展開されており、さらに充実した最新機器を導入した集中観測により、2009年にワイオミング州で発生した竜巻の出現から消滅までの全生涯を追跡することに成功しています（Wurman et al., 2012）。また、竜巻をもたらすスーパーセルと竜巻をもたらさないスーパーセルとの違いに着目した比較もなされています。今後、得られた稀少なデータセットが仔細に解析され、より正確な竜巻予測の実現のために活かされることに期待したいものです。

ミスター・トルネードのさらなる発見——吸い込み渦

ミスター・トルネード藤田博士は、ストームチェーサーというよりは、現場に残された遺留品

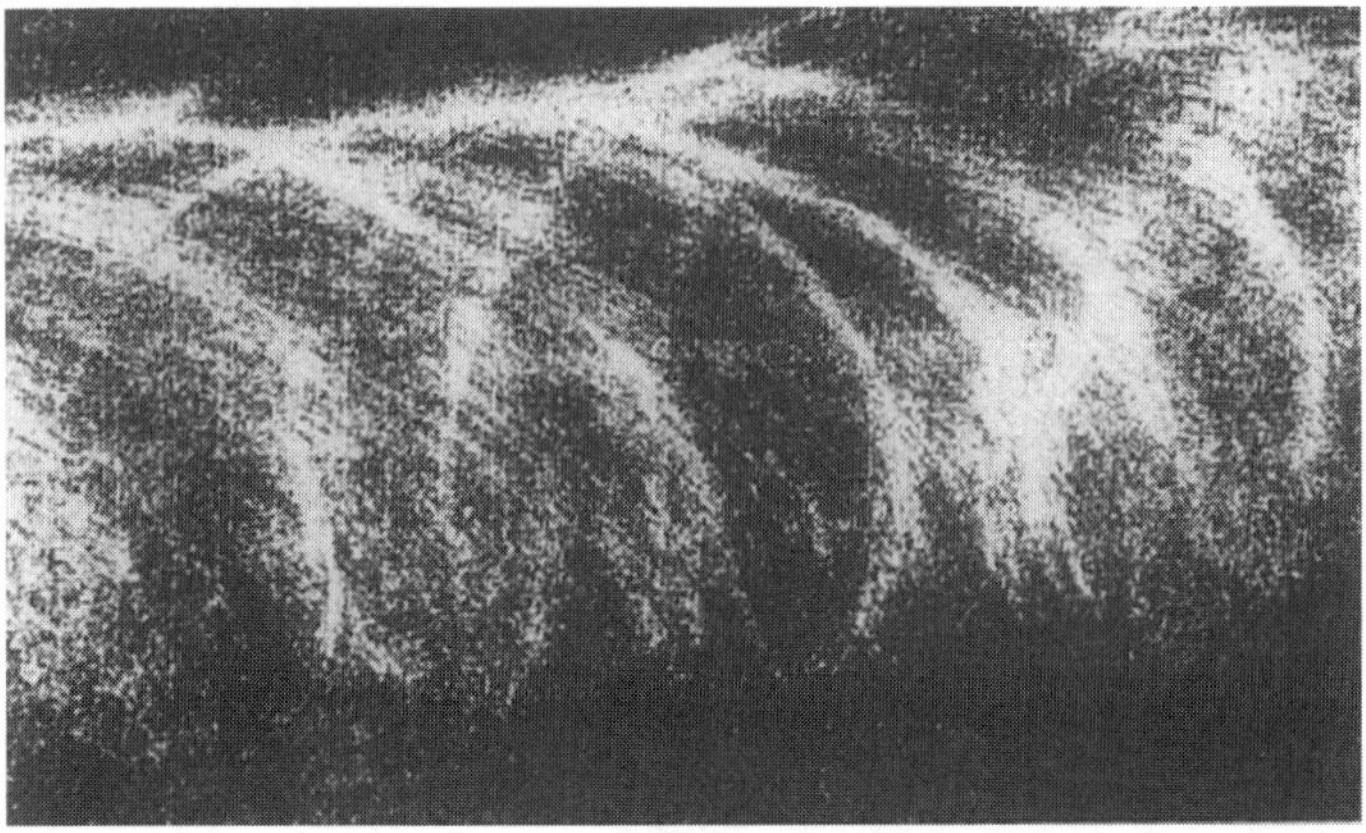

図 3.5　1976 年にシカゴ近くを通過した竜巻の跡。（藤田（2001）p.41 より引用）

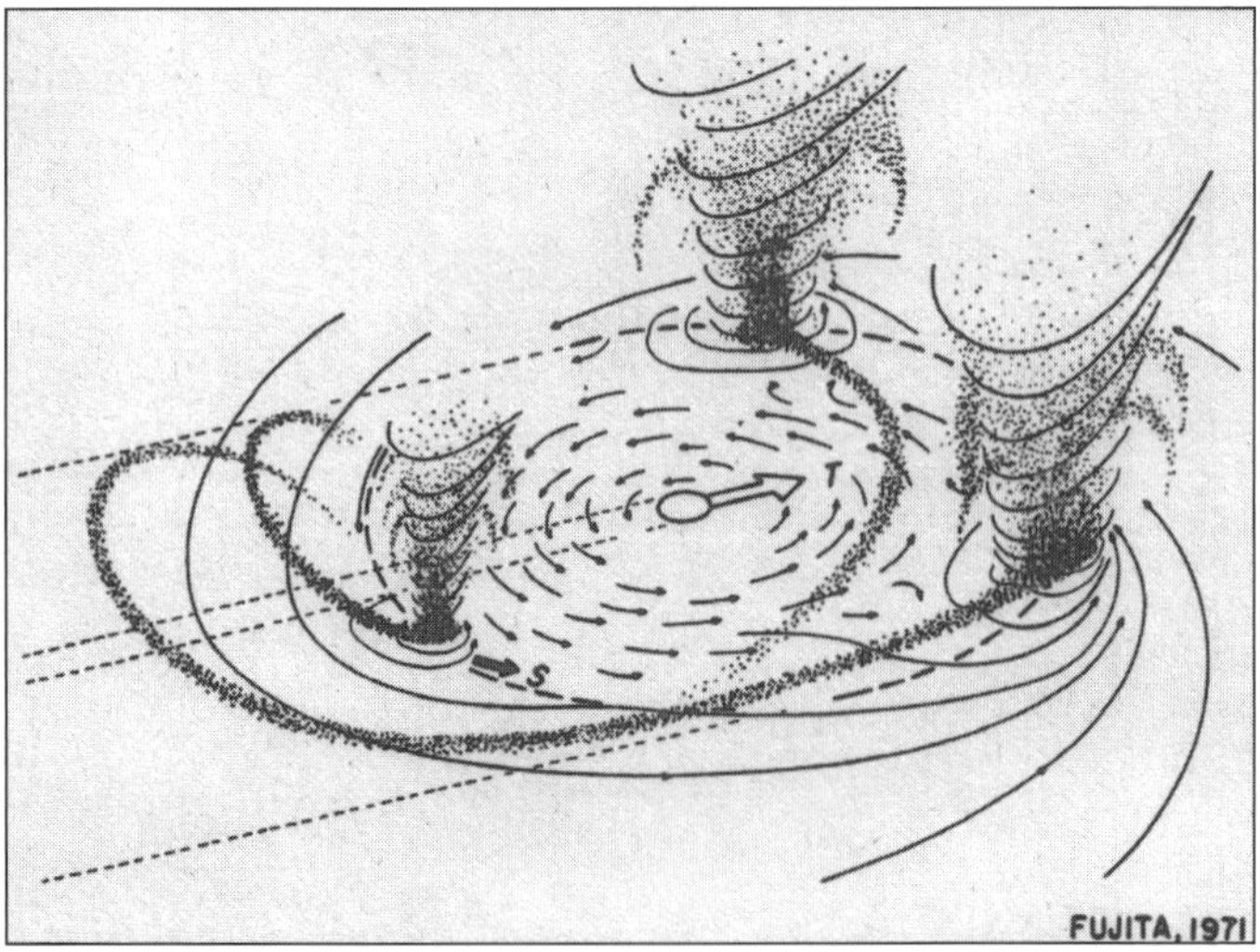

図 3.6　藤田博士の提案した、竜巻の吸い込み渦による多重渦構造。（藤田（2001）p.42 より引用）

から竜巻という名の犯人の姿をズバリ推測する敏腕刑事といったところでしょうか。その持ち前の観察力の鋭さと想像力の豊かさが奏功し、VORTEXに25年も先んじて、竜巻内部の構造に関する大発見を成し遂げました。1971年の竜巻の「吸い込み渦」の発見です。

1967年にシカゴ近くを竜巻が襲いました。藤田博士は竜巻の跡をセスナ機から観察し、竜巻跡からある特徴に気づきました。そこには、写真（図3・5）のように、らせん状の幾何学模様がはっきりと刻まれていたのです。皆さんはこの現場写真からどのような犯人像を思い浮かべるでしょうか？ UFOの仕業？ はたまた、プラズマの仕業？

正解はこうです。藤田博士は、このような幾何学模様から、大きな回転渦を中心にいくつかの小さな回転渦が存在し、それらがメリーゴーラウンドのようにぐるぐるまわっていたのではないかとひらめいたのです（図3・6）！ その小さな回転渦が吸い込み渦です。そして、中心にある大きな回転渦は物を周囲に吹き飛ばす性質を、周りをまわる吸い込み渦は物を吸い上げる性質をもつと想像しました。吸い込み渦により吸い上げきれなかった瓦礫《がれき》が地面に残ることで、このようならせん模様になったと考えたわけです。このような吸い込み渦のらせん運動は、①吸い込み渦の回転V、②中心の大きな渦の回転S、③竜巻全体の移動T、以上の3成分の合成（V＋S＋T）によって説明できます。このことから、藤田博士は、大きな渦巻きよりも吸い込み渦の近くで最大風速が生じるだろうと予測しました。これを裏付けるように、竜巻による死者の分布を地図上に示したところ、死者のほとんどは吸い込み渦の進路上にあったことが明らかになったのです。

このような吸い込み渦をともなう多重渦構造は、F3以上のとくに強い竜巻のみにみられ、弱い竜巻は単独渦となることが知られています。たとえば、1999年の愛知県豊橋市や2012年の茨城県つくば市でのF3竜巻では多重渦構造が写真におさめられていますが、F0やF1といった弱い竜巻では、これまでに観測されたという報告はありません。

藤田博士による吸い込み渦の発見は、当時、いくつかの点において重要な意味がありました。まず、竜巻の風はどこでも同じように強いわけではないということから、重要施設が竜巻の最大風速に襲われる確率は従来考えられたよりもグンと減ることになりました。また、この発見までは、猛烈な竜巻の最大風速は222メートル毎秒を超えると推定されていましたが、吸い込み渦のらせん運動に基づく新理論により、最大風速はそれよりも相当小さいだろうと見直されるようになりました。つまり、重要施設の設計に際して、過剰に大きな設計風速を想定しなくてもよくなったわけです（デビッドソン、1996）。

また、1960年代までの米国気象局は「竜巻が来る前に窓を開けるように」と指示していました。それは、窓を開けて建物内外の気圧を均一にすることで、竜巻による強風から建物の崩壊を防ぐことができると考えられていたからです。しかし、吸い込み渦はクルクルと旋回しながらやってくるため、その動きを事前にまったく予測できず、建物のどの方向の窓を開けたらよいのか皆目検討がつきません。この発見以降、米国気象局は「竜巻が接近しても窓を開けないように」と、まったく反対の対策を推奨するようになりました（藤田、２００１）。

藤田博士による吸い込み渦の発見は、これまでの竜巻災害の対策の根底を変え、竜巻研究者の認識に革命をもたらしたのです。

竜巻にも眼はあるのか？

ところで、竜巻にも「眼」があるのでしょうか？　強い台風の眼の中では、下降流が発達し、雲が消え、風も止み、穏やかであることが知られています。ならば同じ大気の渦である竜巻にも同様に眼が存在してもいいかもしれません。しかしながら、竜巻の内部を観測することは至難の業……。

これまでに、竜巻の直撃を受けた複数の被害者の目撃証言から、台風と同様に、竜巻の内部でも風が静かだったことが報告されています。また、VORTEXメンバーのワーマン博士たちは、テキサス州ディミットで発生した竜巻の内部構造を車載型ドップラー気象レーダーにより観測しています（Wurman et al., 1996）。ドップラー気象レーダーでは、雨雲に加えて、ドップラー効果の原理により、レーダーに近づく風と遠ざかる風の速度（ドップラー速度）を測定できます。空気の渦があると、近づく風と遠ざかる風の対がみられるので、メソサイクロンや竜巻の存在を確認できます。それによると、竜巻内部では空気が沈み落ちていて、竜巻にも眼があったと論じられています。竜巻の眼のサイズは、高度75メートル付近で直径約２００メートル、高度１０００メートル付近で直径約４００メートルと、上空ほど遠心力の影響が強まり、竜巻の眼の直径が拡大していました。

また、竜巻発生装置により再現されたミニチュア竜巻の中にも、沈下する空気の流れがあり、竜巻の眼らしきものが形成されることが実験的にも証明されました。図３・７は、竜巻発生装置により再現された竜巻内の空気の流れをスケッチした概念図です（Davies-Jones et al., 2001）。竜巻の回転速度が増すにつれて、中心に下向きの空気の流れが生じるようになり、最終的には、その下降流は地表にまで達します。そして、さらに強くなると渦の分裂が生じ、大きな回転渦の周りに小さな回転渦が複数発生するようになります。そう。藤田博士により発見された吸い込み渦です。じつは、Ｆ３以上のとくに強い竜巻にみられる吸い込み渦とその多重渦構造は、竜巻の眼の中の下降気流の産物だったのです。

数値シミュレーションの結果はどうでしょう（Lewellen et al., 2000）。コンピュータの助けを借りることで、実世界ではとても危険で近づけないような竜巻の中にも自由自在に入り込むことができます（詳しくはコラム１）。コンピュータのなかで再現された強い竜巻の中心付近にも、やはり明瞭な眼が形成されました。そして、竜巻発生装置の結果（図３・７）と同様に、再現された竜巻の中心には下降流が発達しており、竜巻の眼の周囲には複数の吸い込み渦が形成されていました。これはまさに藤田博士が想像した多重渦構造（図３・６）そのものです。

Ｆ３以上のとくに強い竜巻に共通した特徴として、「竜巻の眼」と「吸い込み渦」があり、これらの間には密接な関係があったのです。

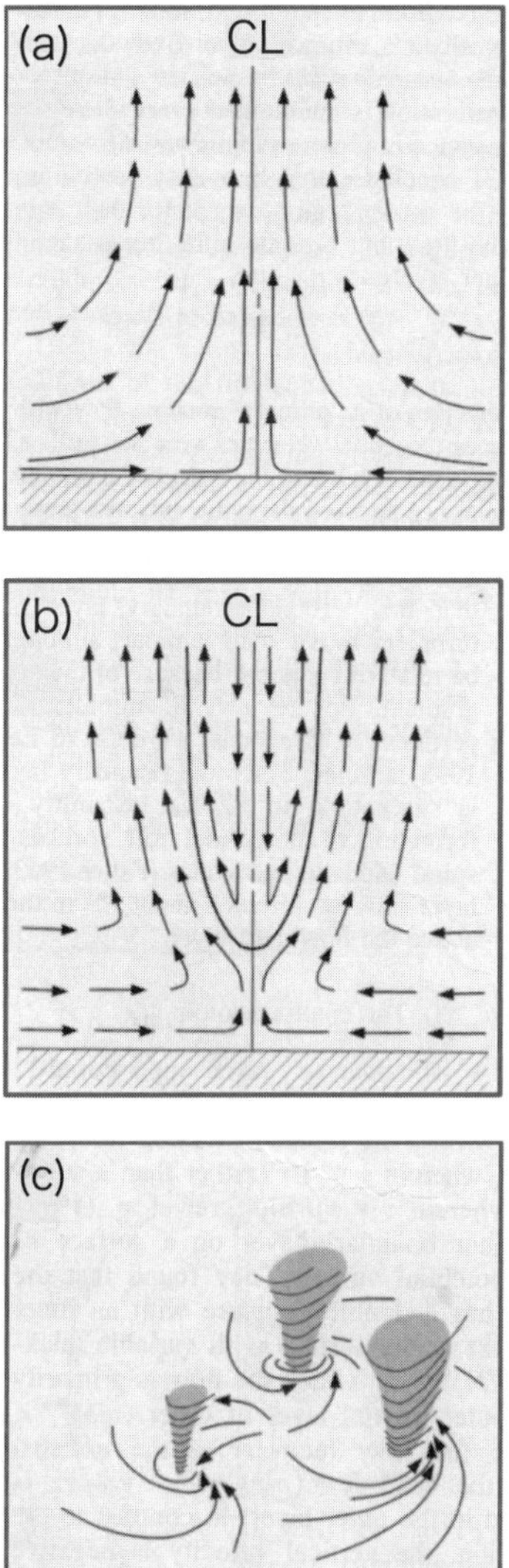

図３・７　回転風速の増大（a：弱い、b：中くらい、c：強い）にともなう竜巻内部の流れの変化。CLは竜巻の中心軸（Davies-Jonesら（2001）を参考に作成）

コラム6　これでいいのだ！

1999年9月15日。その日は台風16号直撃の予報が出ていました。京都大学防災研究所の大学院生だった私は、いつものように朝方まで研究室ですごし、雨が降り出す前にバイクで帰宅し、そのまままっすぐ布団に入り眠りにつきました。ここまでは特段変わったことのない、いつも通りの1日でした。

まだ深い眠りのなかにいた午前11時ごろのことです。3階建てアパートの3階に住む私の部屋のベランダに何かの気配を感じました。そしてその後、激しく窓を叩く音がしたのです。ドン。ドンドン。ドンドンドンドンドン。寝ぼけていた私は友達が遊びに来たと勘違いしました。1年前まで住んでいたつくばでは、私の友人たちはなぜか窓からゲリラのごとく侵入してきたので無理もありません。しかし、ここは京都……、しかも3階……。

我に返った私は、ベッドから飛び起きました。窓を叩く音は激しさを増し、ガンガンガンガン。バリバリバリバリバリバリバリバリ。という激しい振動音に変わりました。何が起こっているのかまったくわからないまま、窓のほうを呆然と見つめていました。今にも窓が割れそうな音。どうやら人間の仕業ではなさそうです……。

まもなく辺りは静けさを取り戻しました。おそるおそる窓を開けてみると、ベランダに置いてあった生活用品はすべてなくなっていました。そしてベランダから南側一帯を見渡すと、帯状に近所の家屋の一部の屋根瓦が飛んで消えていました。氷解しました。

「竜巻だ！」

翌日、京都大学防災研究所の林泰一先生に同行して、近所一帯の被害調査をしました。漏斗雲を見たという目撃談を得たので、どうやら竜巻による被害の可能性が高そうです。上陸中の台風16号の進行方向の前方右側で発生した竜巻で、その強さはF0。被害幅は100メートル程度、被害長さは400メートル程度。大きな被害にならなかったことが不幸中の幸いでした。しかし、F0竜巻とはいえ、まさか自らのアパートが竜巻の進路に重なるとはこれっぽっちも思いませんでした。日本国内では、100キロメートル四方内に2年間でようやく1個しか発生しない竜巻。その1個に遭遇してしまった自分って……。ミスター・トルネード藤田哲也博士ですら、61歳になるまで本物の竜巻に遭遇したことがなかったといいます。運がいいのか悪いのか……。

そして、まだ記憶もさめやらぬその約1週間後の1999年9月24日に、またもや台風18号の進行方向の前方右側の遠く離れたところで竜巻が発生しました。場所は愛知県豊橋市。その強さは日本最大規模のF3。被害幅は500メートル程度、被害長さは18キロメートル程度。自らが経験したF0竜巻とはくらべものにならないほど大きな被害になってしまいました。どちらも台風接近という同じような災害リスクにありながら、一方はＦ０、一方ではＦ３という結末。災害の理不尽さを痛感しました。

「台風の中の竜巻ってなんなんだ!!」

「なんで京都はＦ０で、豊橋はＦ３だったのか!?」

そのとき私の研究の方向性は定まりました。当初、研究者になるつもりのなかった私。夏休みの工作すら独りで満足にできなかった私なのに、こればかりは自分でやらなくてはいけないという使命感にかられていました。

研究テーマをこんな直感的に決めてしまってよかったのだろうかと、その当時不安に思っていたけれども、今なら自信をもって言えます。

「これでいいのだ！」

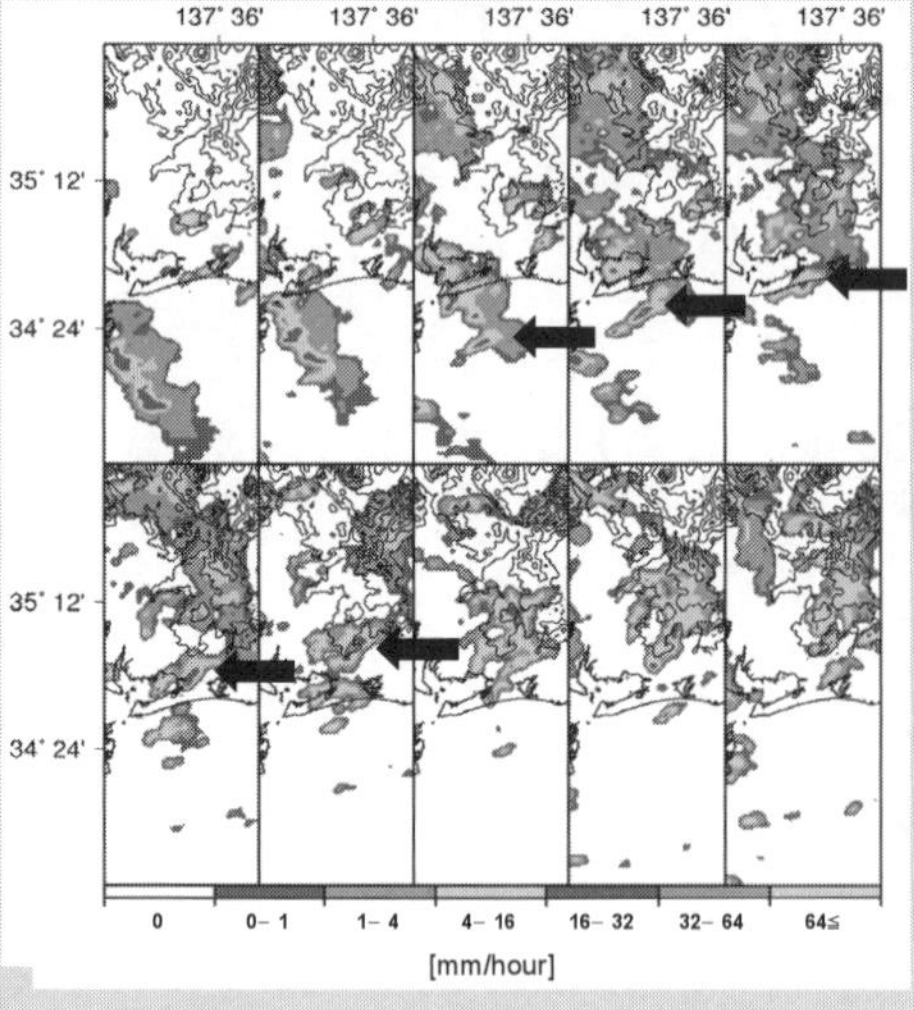

図３・８　愛知県豊橋市でＦ3竜巻をもたらしたスーパーセル。（１９９９年9月24日）

3　竜巻の人工制御と予測──竜巻への挑戦

竜巻の人工制御の試みと挫折

戦後の米国では、人工的に竜巻を制御できないだろうかと活発に議論がなされていました（デビッドソン、1996）。

1950年代には、たとえば、米国空軍の研究グループは、レーダーと誘導ミサイルにより竜巻の漏斗雲を破壊しようという計画を立てていました。また、人工降雨に効果があるドライアイスやヨウ化銀を撒くことで冷たい下降気流を強制的に発達させ、竜巻を消滅させようとする計画もありました。しかし、原爆2個分といわれる竜巻のエネルギーを力ずくで抑えることは困難だろうと懐疑的な意見が大勢を占めました。また場合によっては、本来発生するはずのない竜巻を発生させてしまったり、より竜巻を強めてしまったりと、その影響はその当時まったく計り知れなかったことから、竜巻制御技術として日の目をみることはありませんでした。

また、1960年代には、竜巻の巨大なエネルギー源は雷の放電による発熱にあると考える竜巻研究者がいたため（現在では、雷と竜巻との間に因果関係はないと考えられています）、雷を人工的に制御することで竜巻を制御しようとする試みも計画されていました。積乱雲の中では異なる場所で正と負の反対の電気を帯び、その帯電状態が解消される瞬間に雷が発生することから、ゆっくりと解消してやれば雷は発生しないだろう（結果として、竜巻も発生しないだろう）と考えたわけです。実際に、雲内での帯電状態が解消されることを期待して、アルミニウムの小片を雲にばらまいたり、針金をつけたロケットを雲に打ち込んだり、さまざまな方法が試されました。しかし結局、その効果ははっきりせず、同じく竜巻制御技術として実用化することはありませんでした。

その後、1970年代になり、ミスター・トルネードの登場です。藤田博士は、竜巻発生装置によってつくられたミニチュア竜巻で室内実験を繰り返すうちに、現実の竜巻をも制御する方法が発見できるかもしれないと考えていました。実際に竜巻発生装置を用いて、シカゴの街に竜巻が襲うことを想定した室内実験を行ないました。摩天楼の代わりに小さな岩を、ミシガン湖の代わりに小さな水たまりを配置し、さらに、都市部で放出される人工廃熱を模して岩の下で電線を熱しました。竜巻発生装置の中のミニチュアの竜巻は、都市にぶつかるまでは安定していましたが、都市にぶつかるとやがて弱まってしまいました。藤田博士は、大都市による廃熱の影響が、竜巻にとって不安定すぎるのだと推測しました。この実験結果は竜巻の人工制御の可能性を示唆する大変興味深いものではありましたが、現実のシカゴの廃熱が現実の竜巻を破壊するのに十分かどうかについては明確にはなりませんでした。

以上のように、さまざまな竜巻制御に関する試みがあるものの、いずれも実用化の目処が立たず、近年は竜巻制御技術に関する研究のほとんどは鳴りを潜めてしまいました。

竜巻予測は可能なのか?

竜巻の人工制御が難しいならば、いち早く竜巻の発生を予測して、少しでも被害を軽減しようと考えるのは至極当然なことです。近年の竜巻予測技術の進歩により着実に予測の精度は向上しつつあり、とくに米国では、竜巻警報が発せられてから竜巻が発生するまでの時間(リードタイム)も年々長くなる傾向にあります。1980年ごろにはリードタイムは平均して3分程度でしたが、2000年以降は12分程度まで拡大しています。結果として竜巻による死者数も激減しているのです。このような竜巻予測技術の発展には、おもに、「竜巻自動検知」と「突風関連指数」に関する研究の発展が貢献しています。

まず、「竜巻自動検知」に関する研究とは、ドップラー気象レーダーを用いて竜巻の存在を遠隔で自動的に検知し、いち早く竜巻警報を出すことを目的としたものです。竜巻をともなうメソサイクロンは、「フックエコー」と呼ばれる留め金のような形をした特徴的な降水分布(図3・

4）を示すことが多く、しばしば竜巻はそのフックの先端で発生することから、竜巻の発生を検知するうえで重要な情報となります。また、ドップラー速度を用いて局所的な風速の極大と極小を探索することで、メソサイクロンの位置を推定できます（図3・9）。しかしながら、先述したように、すべてのメソサイクロンでかならず竜巻が発生するわけではないので、メソサイクロンを探知するたびに竜巻警報を出していてはオオカミ少年になってしまう可能性があります。一方、竜巻が着地する30分程度前にメソサイクロンより一回り小さな風速の不連続、すなわち、竜巻渦の兆候「Tornadic Vortex Signature

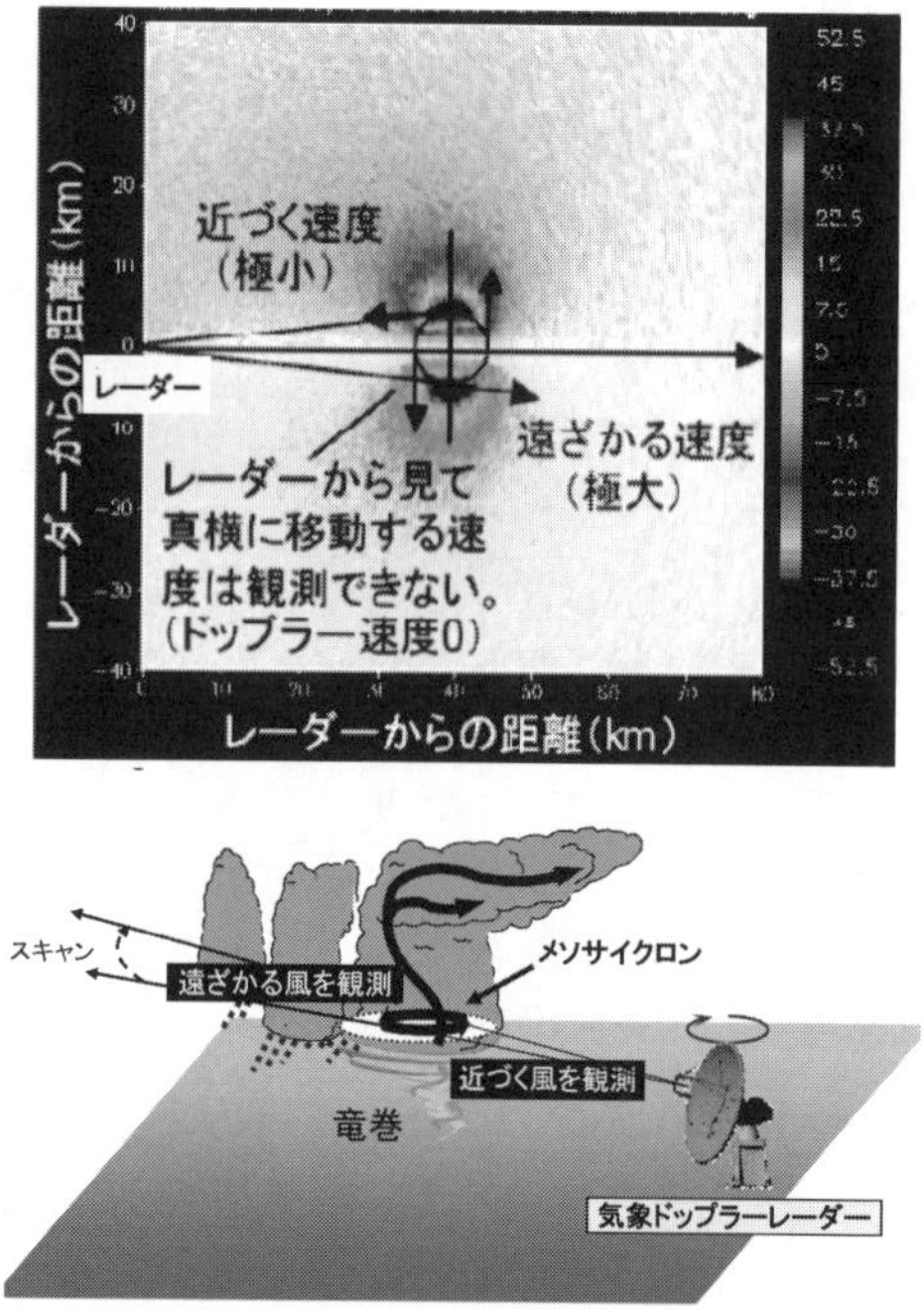

図3.9　ドップラー速度でみたメソサイクロンのパターン。（図提供 気象庁 ホームページ（http://www.jma.go.jp/jma/kishou/know/toppuu/24part1/24-1-shiryo5.pdf）より）

（ＴＶＳ）」が現れることもあります。ドップラー気象レーダーによりＴＶＳをみつけることができれば、竜巻が着地するよりもかなり前に竜巻警報を出すことも可能になるといわれています（Burgess et al., 1993）。しかしながら、レーダーから遠くに離れるほど、地球の曲率の影響により下層の空気の流れを捉えることが難しくなるため、いつでもどこでも、かならずＴＶＳを探し出せるわけではないようです。

よって現状では、ドップラー気象レーダーだけで確度の高い竜巻発生予測を実現するには限界がありそうです。

次に、「突風関連指数」に関する研究については、数値シミュレーション（詳しくはコラム1）の結果を用いて、いくつかの竜巻発生に関係する指標（突風関連指数）を評価することにより、竜巻をともなうスーパーセルが発生しそうな場所と時間を予測することを目的としたものです。網目の粗い数値予報モデルの予測結果を用いるため、竜巻そのものを予測することはできませんが、竜巻の親雲となるスーパーセルが発生しそうな環境となっているかどうかといった竜巻発生の可能性を探ることができます。もちろん、ドップラー気象レーダーでは測定できないような場所でも面的に予測できます。著者らの研究では、数値予報モデルによる18時間先の予測結果を用いて、１９９９年の愛知県豊橋市のＦ３竜巻発生時におけるいくつかの突風関連指数について調べています（吉野ら、２００７）。大気の不安定さを示す「対流潜在位置エネルギー（CAPE）」の分布についてみると（図3・10a）、竜巻発生時の太平洋沿岸地域で2000ジュール毎キログラムを超えており、強い上昇気流をともなう積乱雲が発達しやすい条件にありました。また、大気下層の水平渦の強さを示す「ストームに相対的なヘリシティー（SREH）」の分布についてみると（図3・10b）、同じく太平洋沿岸地域で

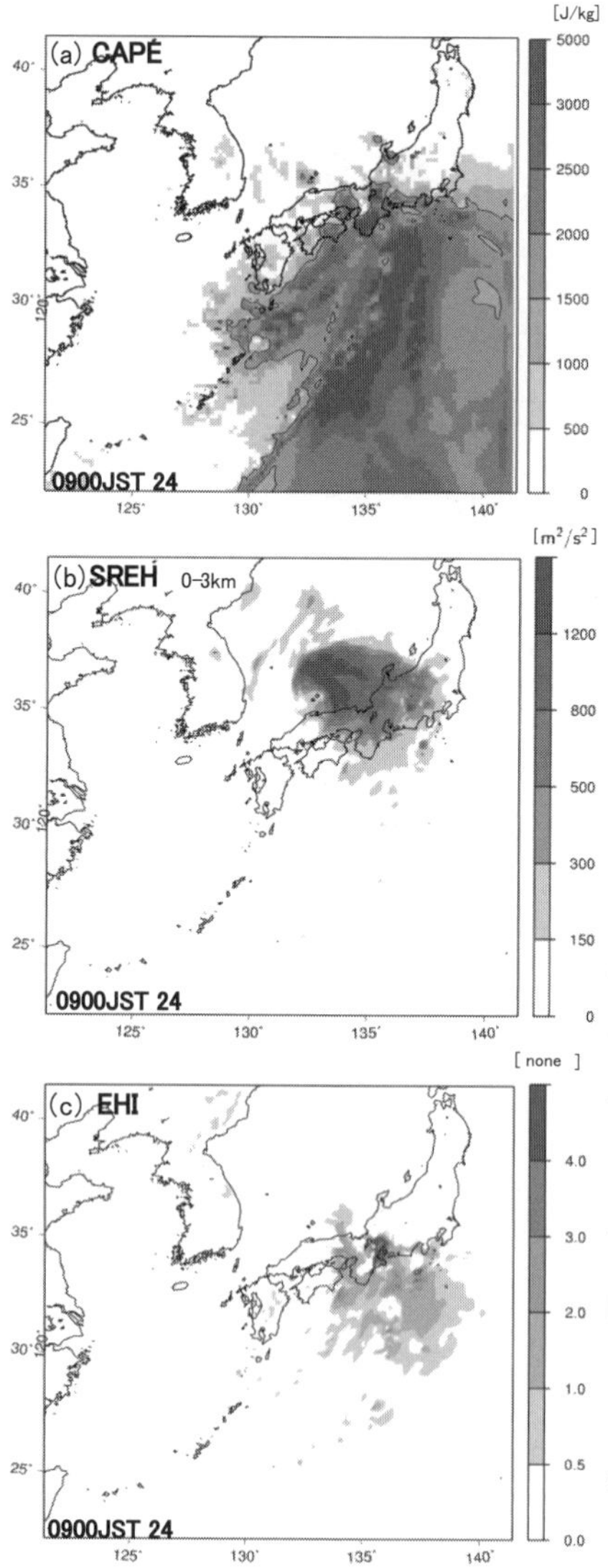

図3・10　愛知県豊橋市で発生したF3竜巻の発生時（1999年9月24日）における各種の突風関連指数（a：CAPE、b：SREH、c：EHI）の分布。（吉野ら（2007）の図8より引用）

約500平方メートル毎平方秒と高い状態にあり、メソサイクロンの発生に必要な条件がそろっています。しかしながら、これらの分布だけでは竜巻が発生する場所までは絞り込むことはできません。いずれの分布も値のピークは愛知県から遠く離れた場所で現れているからです。

ここで、先述した竜巻をともなうスーパーセルの発生環境について復習してみましょう。スーパーセルは、強い上昇流が発生しやすく（CAPE大）、かつ、上空ほど風速が強い（SREH大）状態で発達しやすいと学びました。つまり、スーパーセルの発生のためには、CAPEもSREHもどちらもある程度大きな値でなくてはならないのです。そこで、これら2つの指標のかけ算からなるEHI（エネルギー・ヘリシティー指数）を調べることで、CAPEもSREHもともに大きな場所を特定できると期待されます。図3・10cをみると、なんと竜巻が発生した愛知県付近にEHIのピーク値（5・0近）が表れています。米国ではEHIが4・0以上になると、竜巻をともなうスーパーセルが発生しやすいといわれていることからも観測的事実ともよく合います。この竜巻事例に関していえば、突風関連指数のひとつであるEHIを用いることで、竜巻発生の事前予測がある程度可能だったと考えられるのです。ただし、他の事例でも同じように高精度に予測できる保証はなく、依然として大きな不確実性があるのも事実です。そのため、このような数値予報モデルによる突風関連指数のみならず、先述したドップラー気象レーダーによる竜巻自動検知をも併用することで、さまざまな視点から臨機応変に竜巻発生予測を行なえる枠組みが必要となります。

日本の気象庁では、すでにこれら2つの技術を併用することで、2008年より竜巻発生の可能性が高い地域に「竜巻注意情報」の発表を開始しています（気象庁予報部、2009）。さらに、2010年から10キロメートル格子単位で竜巻発生の可能性の移動予測を行なう「竜巻発生確度ナウキャスト」を一般に提供するようになりました（気象庁予報部、2010）。しかし、竜巻という現象は、これまで述べてきたとおり、きわめて空間規模が小さく継続時間も短いため、現状の竜巻予測技術をもってしても、その予報精度は満足なレベルに達しているとはいえません。また、竜巻の発生メカニズムですらいまだ十分に理解されているとはいえず、なぞが1つ解明されれば、新たに10のなぞが生まれるのが現状なのです。

今後も多角的に竜巻研究が継続され、ひとつひとつ着実に竜巻やスーパーセルに関する知見を積み重ねてゆく必要があります。そして、より精度の高い竜巻予測の実現のためにも、従来のドップラー気象レーダーよりも高解像度かつ高速に観測できる次世代気象レーダーの開発や、数値予報モデルやデータ同化技術の高解像度化、アンサンブル予報技術の開発といった研究をすすめてゆく必要があります（竜巻等突風予測情報改善検討会、2012）。

私たち次世代の竜巻研究者は、独創的な発想と鋭い観察眼で最先端を走り続けた大先輩・藤田哲也博士に負けじと、今なお残る竜巻の難問を解決していく使命があるのです。

コラム7　大学が発信する天気予報

人から「何の仕事をしているの？」と聞かれ、「気象の研究をしている」と答えると、たいていの場合、「気象予報士なんだね」「テレビとか出るの？」「じゃあ週末の天気を教えてよ」と誤解がまねく無茶ぶりをうけます。しかし、気象の研究者の全員が、かならずしも天気予報に直結した研究をしているわけではありません。竜巻を追いかけるストームチェーサーのように、地球上で起こるさまざまな気象現象の美しさや奥深さに魅せられ、私たちの日常生活に直結していないところの〝知〟を探求していることが多いのです。

学生時代まではまさに竜巻の〝知〟を探求していた私でしたが、現在の職場（岐阜大学大学院工学研究科）に勤めるようになり、研究に対するスタンスを少しばかり変えなくてはいけなくなりました。どちらかというと、私たちの生活に直結する応用的で工学的な研究に軸足をおく必要があったのです（岐阜の人々が竜巻の被害で常々困っているということならば話は別でしたが……）。

生活に直結する気象のことといえば、おそらく誰もが「天気予報」と答えるでしょう。そこで、赴任したばかりのころのまじめだった私は、「岐阜大学でも天気予報をできないだろうか？」と考えるようになりました。

平成5年（1993年）に気象業務法が改正されてからは、気象庁以外の個人や団体でも天気予報を業務として実施できるようになりました。しかし、誰でも認められるわけではありません。気象業務法第17条の規定によって、必要な条件を満たしたうえで、気象庁長官の許可を受ける必要があります。そして、気象業務許可を取得するためには、大まかには、

1）適切な数の気象予報士の配置
2）自然科学的手法に基づいた予測・解析手法
3）観測資料、予報資料の受信およびこれらを解析する施設
4）気象庁が発表する警報を受信する施設

の4つの条件を満たす必要があるのです。

1年近くの根気強い調整の結果、気象庁産業気象課（現・民間事業振興課）の皆さまのご指導や岐阜大学の皆さまのサポートをいただくことで、2005年6月に国内大学として初めてとなる気象予報業務を気象庁長官より認めていただきました。天気予報を出せる大学として岐阜大学では、私たちの研究室で開発を進めている数値シミュレーション技術を活用して、Web上で岐阜県・愛知県向けの気象予報を毎日朝9時に配信しています(http://net.cive.gifu-u.ac.jp/)。

気象予報士3人体制の小規模な業務内容ではありますが、毎日の天気予報を楽しんでいます。ときには、市民の皆さんからの手厳しいご意見をいただくこともありますが、自分たちの手で天気予報の作成を実践することで、気象の研究をいかに一般に還元していくべき

かを常日ごろから考えるようになりました。たとえば、現在では、この独自天気予報の技術をベースとして、太陽光発電や風力発電の発電量予報にも応用しています。この例に限らず、きめ細かい天気予報から付加価値情報をひきだし、広く一般に利活用してもらうことを目標としています。

　私の気まぐれからはじまった大学発の天気予報から、「気象工学」とも呼ぶべき新たな学問体系の展開につながればいいなあと夢みています。

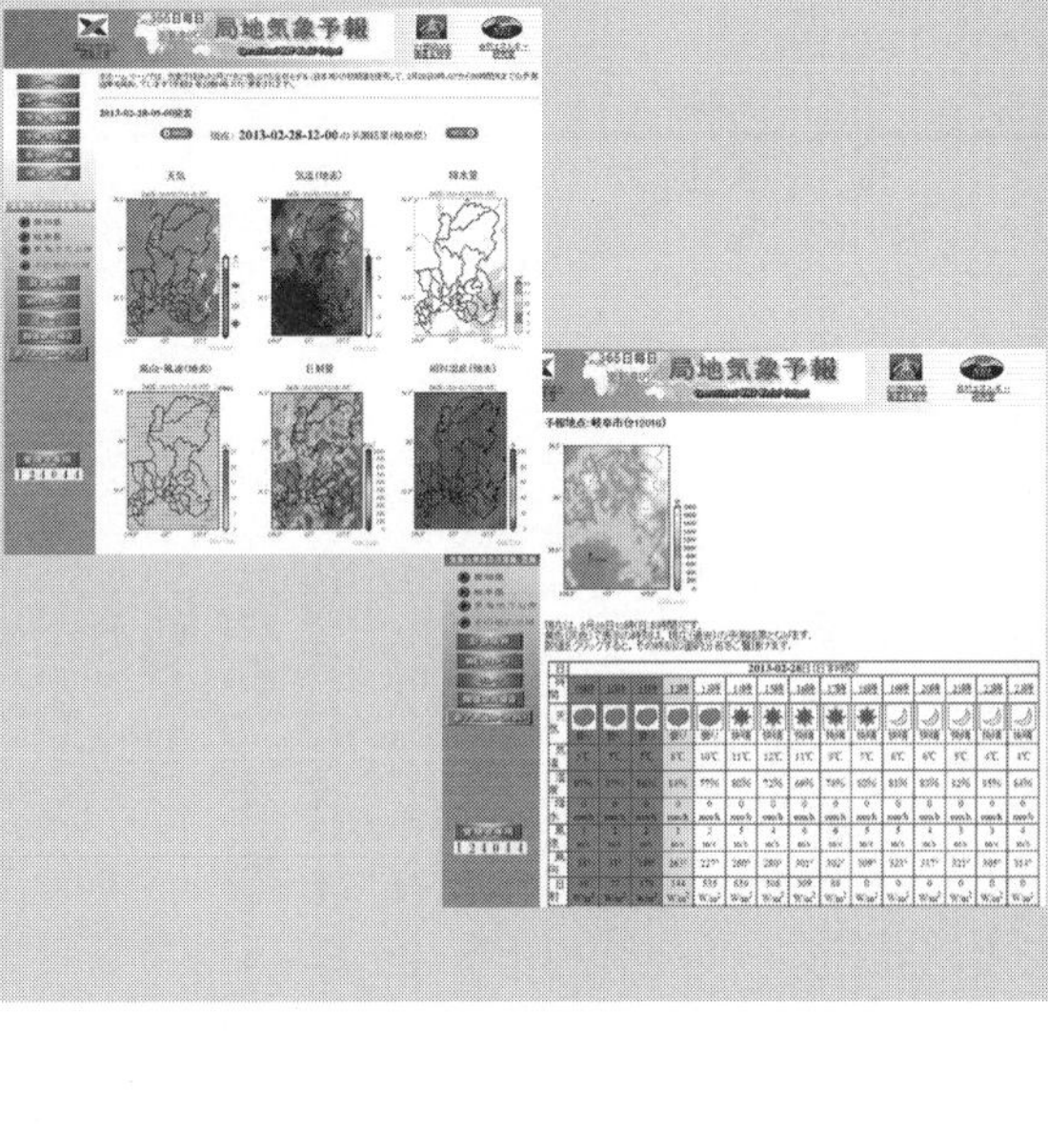

図3・11　岐阜大学の局地気象予報。(http://net.cive.gifu-u.ac.jp/)

引用・参考文献

藤田哲也『ある気象学者の一生』藤田記念館建設準備委員会事務局、自費出版、２００１

NOAA, The enhanced Fujita scale (EF scale), http://www.spc.noaa.gov/efscale/.

Nakazato, M., O. Suzuki, K. Kusunoki, H. Yamauchi, and H. Y. Inoue: Possible stretching mechanisms producing the tornado vortex in the mid-level, Proc. 13th Conf. on Mesoscale Processes, American Meteorological Society, P1.7, 2009

Simmons, K. M. and D. Sutter: Economic and societal impacts of tornadoes, American Meteorological Society, 2011

気象庁「竜巻等の突風データベース」http://www.data.jma.go.jp/obd/stats/data/bosai/tornado/index.html

Wurman, J., J. M. Straka, E. N. Rasmussen: Fine-scale Doppler Radar Observations of Tornadoes, Science, American Association for the Advancement of Science, 272, 1774-1776, 1996

Winn, W. P., S. J. Hunyady, and G. D. Aulich: Pressure at the ground within and near a large tornado, J. Geophys. Res., American Geophysical Union, 104, 22:067-22:082, 1999

Klemp, J. B.: Dynamics of tornadic thunderstorms, Annu. Rev. Fluid Mech., Annual Reviews, 19, 369-402, 1987

Wurman, J., D. Dowell, Y. Richardson, P. Markowski, E. Rasmussen, D. Burgess, L. Wicker, and H. B. Bluestein: The Second Verification of the Origins of Rotation in Tornadoes Experiment: VORTEX2., Bull. Amer. Meteor. Soc., American Meteorological Society, 93, 1147-1170, 2012

キイ・デイヴィッドソン『ツイスター』竹書房文庫、１９９６

Davies-Jones, R., R. J. Trapp, and H. B. Bluestein: Tornadoes and Tornadic Storms (Chapter 5), Severe Convective Storms, C. A. Doswell III Ed., Meteorological Monographs 28, American Meteorological Society, 167-219, 2001

Lewellen, D. C., W. S. Lewellen, and J. Xia: The Influence of a Local Swirl Ratio on Tornado Intensification near the Surface. Journal of the Atmospheric Sciences, 57, 527-544, 2000.

気象庁「竜巻等突風予測情報に関わる現状と課題」http://www.jma.go.jp/jma/kishou/know/toppuu/24part1/24-1-shiryo5.pdf

Burgess, D. W., R. J. Donaldson, Jr., and P. R. Desrochers: Tornado Detection and Warning by Radar, The Tornado: Its structure, Dynamics, Prediction, and Hazards. Geophysical Monograph 79, American Geophysical Union, 203-221, 1993

吉野純・石川裕彦・植田洋匡・安田孝志「台風に伴う竜巻の発生の成因とその環境場の解析」日本風工学会誌、日本風工学会、32、３４７-３５６、２００７

気象庁予報部編「平成20年度量的予報研修テキスト」量的予報技術資料第14号、気象庁、２００９

気象庁予報部編「平成21年度量予報技術研修テキスト」量的予報技術資料第15号、気象庁、２０１０
竜巻等突風予測情報改善検討会「竜巻等突風に関する情報の改善について（提言）」
http://www.jma.go.jp/jma/kishou/know/toppuu/24houkoku/H240727_houkoku_honpen.pdf,2012

第4章

集中豪雨の研究

1998年に長崎半島野母崎で行なわれた
集中豪雨特別観測時のゾンデ放球。

1　集中豪雨の正体、積乱雲

集中豪雨とは

集中豪雨という言葉から何を思い浮かべるでしょうか。バケツをひっくり返したような大雨、車のワイパーを最速で動かしても前方が見えないような大雨、さらにその大雨が引き起こす洪水や土砂崩れ……。地上で生活している私たちにとっては、それらが集中豪雨なのでしょう。また、そのような大雨が降っているときに上空を見ても、何かはっきりしたものが見えるわけでもありません。それでは、何が大雨を降らせているのでしょうか。

夏の午後、上空には〝もこもこ〟とした積雲と呼ばれる雲が浮かんでいますが、これは雨を降らしません。この積雲が上向きに発達し、雄大積雲となり、さらに発達したものが入道雲とも呼ばれる積乱雲です。その積乱雲が地上への降水をつくりだし、ときには大雨をもたらします。大雨が降っているときの上空には、この積乱雲が存在しているのです。積乱雲は大雨だけでなく、雷や竜巻も引き起こします。雷をもたらすことから雷雲ともいわれます。ここでは、この積乱雲に着目して、集中豪雨がどのように引き起こされるのかをみていきます。

じつは、集中豪雨には明確な定義がありません。何時間に何ミリの降水量といった決まりがないのです。集中豪雨は災害と直結しますが、洪水や土砂崩れを引き起こす降水量は地域や場所だけでなく、その前にどの程度の雨が降っていたかによっても異なります。気象庁の大雨注意報や警報の基準も市町村単位で決められています。また、2011年の東日本大震災後、震災域では地盤が緩んで土砂災害が発生しやすいため、基準を下げて運用されていました。定義はないものの、漠然と数時間で100~200ミリ以上の降水量となる大雨をここでは集中豪雨と呼ぶことにします。

積乱雲は対流の仲間

図4・1上図を見てください。鍋に水を入れて加熱すると、鍋底の部分から水が暖まります。暖められた水は鍋の上のほうに移動し、鍋の上の暖められていない水が鍋底のほうに移動しようとします。このような鉛直運動は「対流」と

図 4.1　対流と積乱雲。

呼ばれます。この対流によって鍋の上下での水の温度差が小さくなり、鍋全体が暖められます。このように、対流は上下の温度差を効率的に解消してくれる運動なのです。

それでは、実際の大気ではどうなのでしょうか。太陽からの日射によって地表面が加熱された場合を考えてみましょう。図4・1下図をみてください。地表面に接している空気が暖められます。鍋の場合と同じように、暖められた空気は上昇流となり、上空の冷たい空気が地表に向かって移動する下降流となることで、鉛直運動、すなわち〝対流〟が発生します。この対流が積乱雲であり、積乱雲は対流の仲間で、大気が非常に激しく鉛直運動しているところが雲によって可視化されたものなのです。

標高が高いほど気温が低い

真夏には、多くの人が避暑をかねて高原を散策したり山に登ったりします。標高が高い場所ほど気温が低いからです。実際にどの程度低いのか、年平均気温からみてみましょう。日本で標高が一番高い富士山周辺の代表的な場所（図4・2上図）の年平均気温は、富士山頂（3775メートル）がマイナス6・4度、JRで一番標高の高い駅のある野辺山（1350メートル）が6・7度、甲府（273メートル）が14・3度、静岡（14メートル）が16・3度であり、標高が高いほど低くなっています。標高と気温との関係を図4・2下図の黒い太線のように示すと、1キロ

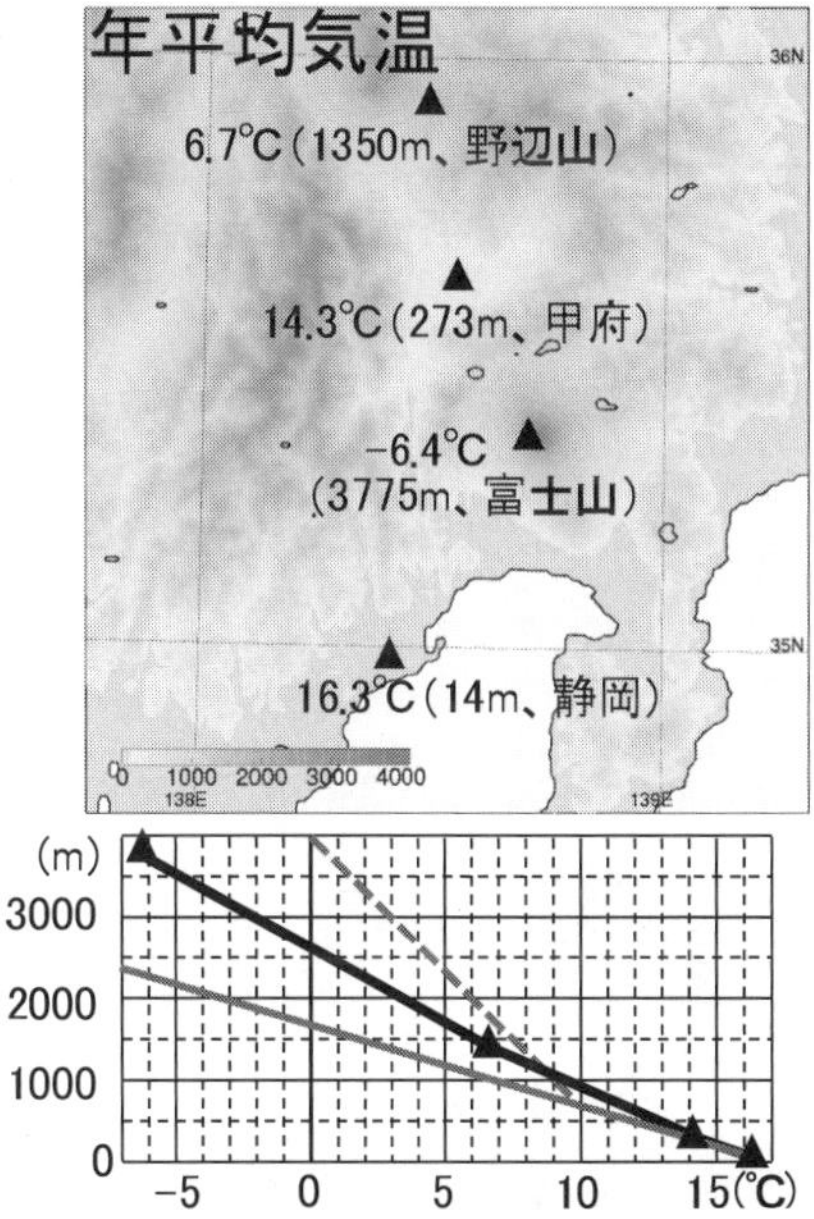

図 4.2　富士山付近の年平均気温と高度の関係。灰色の線は地表付近の空気を強制的にもち上げたときの気温。破線は 10°C付近で雲が生じたときの気温変化。

メートル高くなると約6度気温が低下していることがわかります。この気温の低下割合を気温減率といい、日本付近ではこの値が代表的なものです。

　ここで、そらの研究室からクイズです。対流は上下の温度差をなくすために生じる鉛直運動で、その仲間が積乱雲だと説明しました。上空ほど気温が低いと対流が発生するので、いつでも積乱雲が発生して大雨をもたらすことになります。しかし、現実はそうではありません。なぜなのでしょうか。

位置のエネルギーと温度のエネルギー

中学校の理科の授業で、エネルギーは保存されるという概念を教わります。具体的な例を示すと、下り坂で台車が動き出すと速度を増し、平地にたどり着くと徐々に速度が落ちて、最終的には停止します。この一連の台車の動きは、高さで決まる位置のエネルギー、速度で決まる運動のエネルギーと熱のエネルギー間の変化として説明することができます。高所に存在していた台車の位置のエネルギーが運動のエネルギーになり、地面との摩擦によって熱のエネルギーに変わったわけです。それらの変化ではエネルギーの総量は常に一定であり、このことが「エネルギーは保存される」という概念です。大気中でも同様にエネルギーは保存されているのです。位置のエネルギーと運動のエネルギーとの関係は第1章をみてください。

大気中では、窒素や酸素といった空気中の分子の運動が盛んなほど気温が高くなります。気温はこの運動のエネルギーで決まり、ここでは温度のエネルギーと呼ぶことにします。正式な名称はエンタルピーです。前述の下り坂の台車の例のように、上空ほど位置のエネルギーが大きくなります。エネルギーの総量は保存されるので、空気を上空に強制的にもっていくと、図4・3のように位置のエネルギーが大きくなる一方、温度のエネルギーが小さくなり、気温が下がります。この低下の割合は1キロメートルで約10度であり、乾燥断熱減率と呼ばれます。

この1キロメートルで約10度の低下が、図4・2下図の灰色の実線で示してあります。対流は図4・1で説明したように上下の温度差を解消してくれる運動なので、対流が発生するには、下層の空気がある高度までもち上げられたときの温度が、その高度の気温より高くならなければなりません。ここで、図４・２下図の年平均気温のように気温が分布し、日射により地表面が加熱されて静岡での気温が10度上昇し、26・３度になった場合を考えます。富士山頂の高さまで強制的にもち上げると約37・７度下がるので、もち上げた空気の温度はマイナス11・４度となります。この温度は富士山の高さの気温（マイナス６・４度）よりも低いので、図４・１下図のようにその気温よりも暖かい富士山の高さ付近に存在していた空気が地表に向かって移動することはなく、対流は発生しません。位置のエネルギーと温度のエネルギーとの関係からだけでは、対流の仲間である積乱雲の発

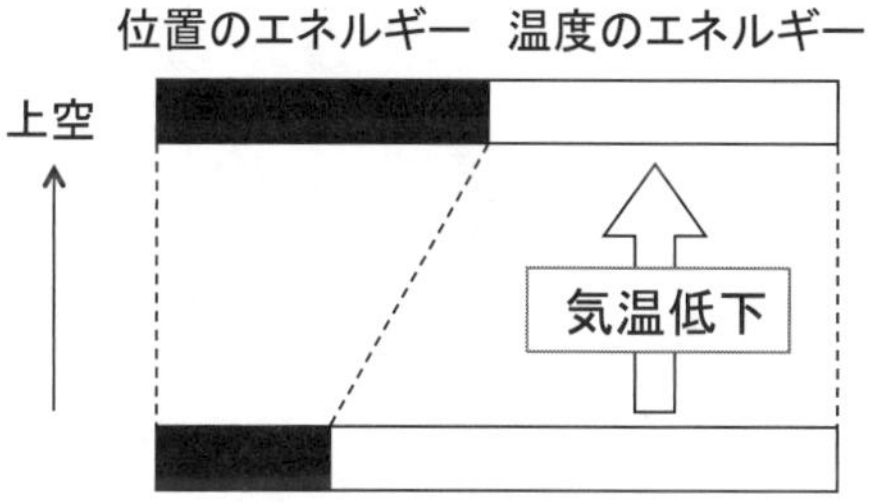

図 4.3　位置と温度によるエネルギーの関係。

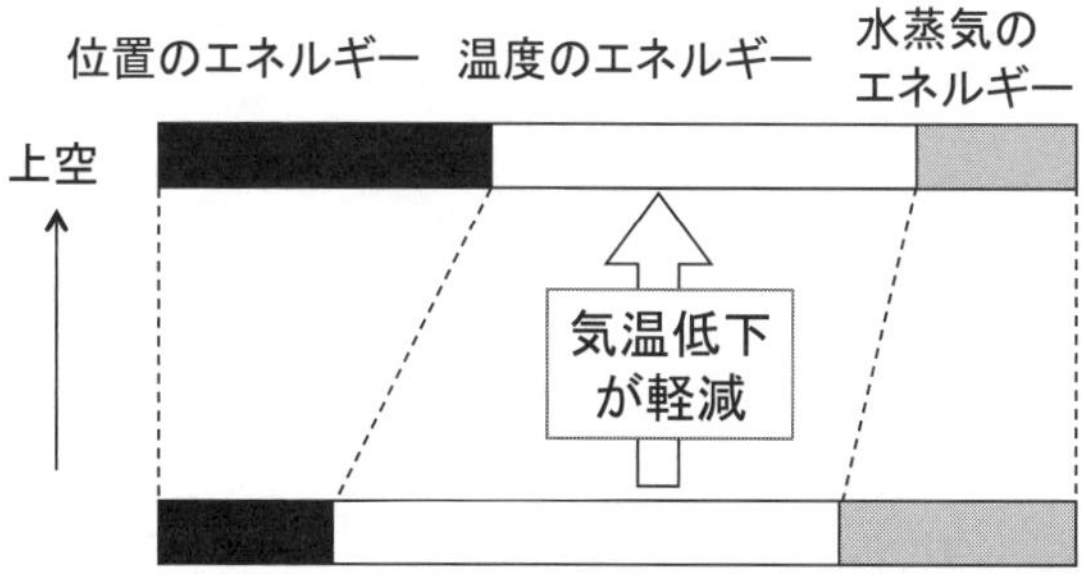

図 4.4　位置、温度および水蒸気によるエネルギーの関係。

生を説明することはできないのです。積乱雲が通常の対流と異なるのは降水をつくりだす点にあります。位置のエネルギーと温度のエネルギーのほかに、水に関わるエネルギーを考える必要があるのです。

2 集中豪雨を生み出す爆薬、水蒸気！

爆薬である水蒸気のエネルギー

大気中には、窒素や酸素といった分子のほかに、水の分子も存在します。窒素や酸素の沸点はそれぞれマイナス195・79度とマイナス182・96度であり、大気中ではかならず気体として存在します。一方、水の沸点は100度であり、大気中で水は水蒸気、雨、雪といった気体、液体、固体の形態をとり、各形態間で相変化するという特徴をもっています。相変化するときには、凝固熱や凝結熱または気化熱といったエネルギーの出し入れが起こります。たとえば、液体から気体に変化するときには気化熱を与える必要があります。やかんでお湯を沸かすときに水

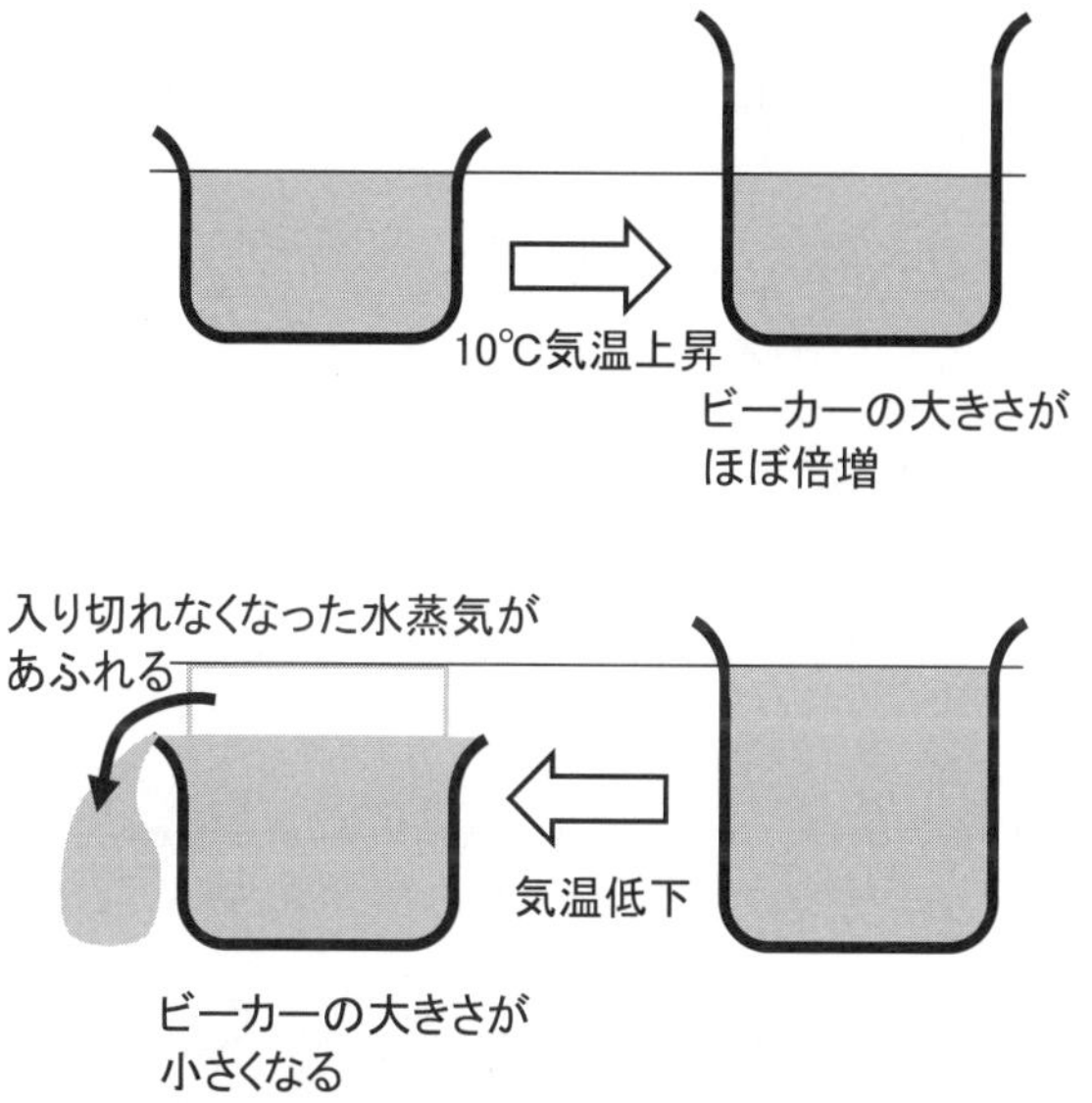

図 4.5　飽和水蒸気量（ビーカーの大きさ）と相対湿度（ビーカーに入っている水蒸気の割合）。

蒸気が生じるのは、熱が加えられたことによります。この気化熱や凝結熱のことをここでは、水蒸気のエネルギーと呼ぶことにします。正式な名称は潜熱です。

　大気中に含まれうる水蒸気の量（飽和水蒸気量）は、気温だけによって決まります。たとえば、気圧が変化せずに気温が10度上昇すると、飽和水蒸気量は約2倍になります。相対湿度は大気中に含まれている水蒸気の量を飽和水蒸気量で割った割合です。図4・5のビーカーの大きさが飽和水蒸気量を表すとすると、ビーカーに入っている水蒸気の割合が相対湿度になります。気温が10度上昇しても大気中に含まれている水蒸気の量は変わりませんが、ビーカーの大きさ（飽和水蒸気量）はほぼ倍増します。それにともない、ビーカーに入っている水蒸気の割合（相対湿度）が低下し、約半分になります。このことが、冬季に暖房を行なうときに相対湿度を維持するために加湿する理由です。逆に気温が下がると、大気中に含まれている水蒸気の量よりもビーカーの大きさ（飽和水蒸気量）が小さくなり、大気中に存在できなくなった水蒸気がビーカーからあふれ出します。あふれ出た部分は凝結して水滴に変わります。つまり、雲がつくられることになります。その際に、水蒸気のエネルギーが放出されるのです。

ここで、位置のエネルギーと温度のエネルギーに水蒸気のエネルギーを加えて考えてみましょう。エネルギーの総量は保存されるので、放出された水蒸気のエネルギーはすべて温度のエネルギーになります（図４・４）。水蒸気のエネルギーが放出されない場合は、前節で説明したように強制的に1キロメートルもち上げると、気温は約10度低下します。一方、水蒸気のエネルギーが加わると、気温の低下割合は図４・２下図の灰色の破線のように、日本付近の気温減率（1キロメートルで約6度、図４・２下図の黒太線）よりも小さくなります。この割合は、湿潤断熱減率と呼ばれます。

水蒸気のエネルギーは、強制的に下層の空気がもち上げられて気温が低下し、雲が生じない限り放出されません。すなわち、水蒸気のエネルギーが大量にあることは積乱雲を発生させるために必要な条件ですが、ただ大量にあるだけでは積乱雲は発生しえないのです。ここで、積乱雲の発生・発達を「爆発」現象に例えると、水蒸気は積乱雲を発生させるための「爆薬」であり、強制的な空気のもち上げは「点火」ということになります。爆薬である水蒸気が大量にあっても、水蒸気がもち上げられて点火されない限り、爆発現象である積乱雲は発生しないのです。

不安定な大気状態とは何？

大気中に対流が発生するには、下層の空気がある高度までもち上げられたときの温度が、その高度の気温より高くならなければなりません。図4・1上図での鍋の中で生じる対流と同じく、その高度に存在している相対的に気温が低い空気が代わりに地上に向かって移動しようとして、鉛直運動である対流が発生するのです。このように対流が発生しうるとき、〝不安定な〟大気状態であるといいます。不安定な天気模様など、雷雲が発生しやすい夏季などに天気予報で一般的に使われてはいますが、とても難解な用語なのです。

一度対流が発生すると、下層から継続して水蒸気がもち上げられ、水滴に変わるとともに大量の水蒸気のエネルギーが放出されます。そして、水蒸気のエネルギーの一部は上向きの運動のエネルギーに変化して、積乱雲として発達します。発達した積乱雲中では、強い上昇流が存在し、上空に運ばれた大量の水蒸気は凝結し、水滴や氷晶に変化します。その後、水滴や氷晶は雨や雪に成長し、降水として地上に達します。ときにはその降水が持続することで大雨がもたらされるのです。

水蒸気量が積乱雲の発生・発達の決め手

水蒸気は積乱雲の発生に欠かせない爆薬だといえるので、量が多いほど積乱雲が発生しやすく、発達しやすくなります。図4・2下図を振り返りましょう。静岡の年平均気温をもつ空気を強制的にもち上げます。水蒸気のエネルギーが放出されるまで、すなわち雲がつくられるまでは1キロメートルで約10度低下します。雲が形成された後は、日本付近の気温減率（1キロメートルで約6度、図4・2下図の黒太線）よりも気温低下が小さくなります。標高約700メートルで雲が生じたとすると、その後は図4・2下図の灰色の破線のように気温が低下します。もち上げた高度での周囲の気温は図4・2下図の黒太線なので、標高が約1200メートル以上になると、もち上げた空気の温度のほうが高くなります。標高約1200メートルまでもち上げることができると、〝対流〟、すなわち積乱雲が発生するのです。

もち上げる空気の水蒸気量が多い場合には、どうなるのでしょうか。まず、雲が生じる高度が低くなります。そして、図4・2下図の灰色の破線が右側に移動することになります。積乱雲を発生させるためにもち上げなくてはならない高度が下がります。そうです。水蒸気量が多くなると積乱雲の発生が容易になるのです。また、水蒸気量が多いほど、放出される水蒸気のエネルギーも多くなるので、積乱雲もより発達することになります。水蒸気量が積乱雲の発生・発達の決め手なのです。逆に水蒸気量が非常に少ないと、雲が生じる高度がかなり高くなり、図4・2下図の黒太線よりも温度が高くなれません。この場合、積乱雲は発生することができず、〝安定な〟大気状態であるといいます。

下層の空気をもち上げろ！

積乱雲の発生には、大量の水蒸気だけでなく、強制的に下層の空気をもち上げることが必要不可欠。では、一体何がもち上げてくれるのでしょうか。ひとつは前線です。前線とは、気温が大きく変わる境界のことをいいます。気温差のある空気がぶつかれば前線ができます。たとえば、暖かい空気に冷たい空気がぶつかってできる寒冷前線です。異なる方向から空気がぶつかれば、空気の行き場がなくなるので、前線上には上昇流が生じます。この上昇流が下層の空気をもち上げ、積乱雲を発生させます。寒冷前線上には発達した積乱雲がみられ、しばしば大雨をもたらします。

中学校で習う低気圧モデルでは、寒冷前線上で積乱雲が発達し、寒冷前線と温暖前線に挟まれた領域には雲が存在せず、晴天域となっています。図4・6をみてください。朝鮮半島の東側にある低気圧は、2012年流行語大賞のトップテンに選ばれたあの「爆弾低気圧」です。2012年

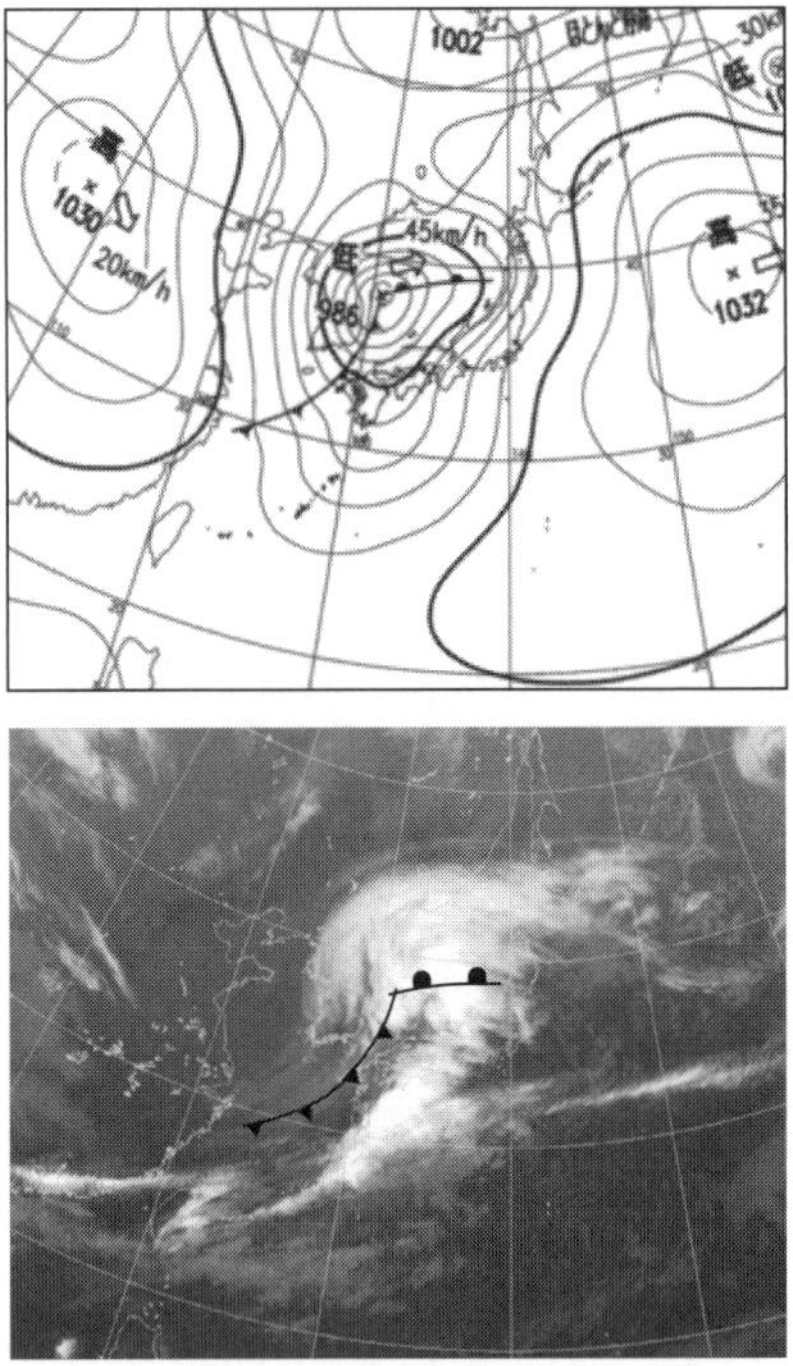

図4.6　2012年4月3日9時の地上天気図（上図）と気象衛星ひまわりの雲画像（下図）。下図に寒冷前線・温暖前線の位置を示す。

4月3日に日本海上で急発達したこの爆弾低気圧は、日本列島各地に強風だけでなく大雨をもたらしました。気象衛星ひまわりの雲画像をみると、晴天域と教えられた場所には、積乱雲によるものだと思われる雲域が広がっています。そこには、ウォームコンベアベルトと呼ばれる、温暖前線に向かってゆっくりと上昇する空気の流れが存在し、その上昇流で積乱雲が発生・発達し、大雨がもたらされたわけです。この事例のように、日本付近では寒冷前線と温暖前線に挟まれた暖域と呼ばれる領域でよく大雨が観測されます。

夏季には積乱雲である雷雲が山岳域で発生し、平野部に移動するのがよく見られます。山岳域に風が吹き付けると、空気は上空に行くしかないので、上昇流が生じるわけです。この上昇流により積乱雲が発生します。積乱雲は降水をつくりだし、地上に達するまでに降水の一部は蒸発して、水蒸気になります。水蒸気になるには気化熱が必要なので、温度のエネルギーから水蒸気のエネルギーが奪われ、気温が低下します。夏季に雷雨があると、気温が急に下がるのはこのためです。また、冷たい空気は平野部へ移動し、平野部の暖かい空気とぶつかって局所的な前線をつくりだします。その前線上につくられる上昇流で新しい積乱雲が発生します。このようにして、積乱雲の発生場所は山岳域から平野部へ移動していきます。ただ、積乱雲の発生場所が移動すれば、同じ場所で雨が持続しないので、集中豪雨になることはありません。通り雨、にわか雨といわれるゆえんです。

3 線状降水帯──バックビルディング

大雨をもたらす形態

大雨が降っているときに上空を見上げても、その降水をつくりだしている積乱雲すら見ることができません。大雨がどの範囲で降っているかもわかりません。雨が降っている範囲を捉えることができるのが、気象レーダーです。気象庁は20台の気象レーダーを全国に配置し、5分間隔で実況監視を行なっています。実況の雨の強さは観測数分後に気象庁のホームページで見ることができ、大雨が降っている場所は強くなるにしたがって黄色、オレンジ色、赤色、紫色で表示されます。その領域を見れば、大雨をもたらしている雨雲の形態を知ることができます。

夏季の通り雨、にわか雨では集中豪雨にならないので、ここでは数時間での降水量分布をみることにします。平成24年7月九州北部豪雨での、12日に発生した集中豪雨時の前3時間降水量分布を図4・7に示します。熊本県阿蘇付近に200ミリを超える降水量がみられ、そこから西に向かって強い降水域が線状にのびています。線状降水帯と呼ばれるものです。ある時刻に気象レーダーで線状降水帯がみられても、北か南の方向に移動すれば数時間での降水量分布としては線状になりません。集中豪雨の多くは線状降水帯が長時間停滞することで引き起こされていますす(吉崎・加藤、2007、津口、2013)。また、平成23年7月新潟・福島豪雨のように、複数の線状降水帯が次々と発生し、24時間降水量分布では線状の降水域がみられない事例もあります(加藤、2013)。

線状降水帯がもたらす集中豪雨の特徴は、文字どおり大雨が集中している点です。2008年7月に石川県で発生した集中豪雨も線状降水帯によってもたらされました。この大雨で観測された最大降水量は金沢市近郊の医王山《いおうぜん》での１４０ミリでしたが、そこから20キロメートル程度しか離れていない同市内にある金沢地方気象台では20ミリしか観測されませんでした。しかし、近郊で降った大量の雨により金沢の市街地では河川がはん濫し、約５００棟の床上・床下浸水の災害がもたらされました。頭上で大雨になっていなくても、安心はできないのです。

台風によっても集中豪雨はもたらされます。線状降水帯の形態を取る事例もありますが、多くは山岳の斜面に沿って大雨が降ります。強風により海上から運ばれてきた水蒸気が斜面によって強制的にもち上げられて雨雲が発生し、降水となったものです。このように、台風周辺で継続して強風が山岳に吹きつけると、集中豪雨になります。

積乱雲と線状降水帯を結びつけるバックビルディング形成

大雨は積乱雲がもたらし、集中豪雨の形態は線状降水帯。２つを結びつけるキーワード、それがバックビルディング形成です。図４・７の集中豪雨発生期の気象レーダーが捉えた降水分布の5分ごとの時系列を図４・８左図に示します。東西にのびる線状降水帯の西端では、5～10分ごとに大きさが10キロメートルに満たない降水域が繰り返し発生しています。ひとつひとつが、図４・８右上図に載せた5～10キロメートルのスケールをもつ積乱雲に対応しています。また、積乱雲が繰り返し発生することで、降水域は西に向かってのびて、線状の降水域をつくりだしてい

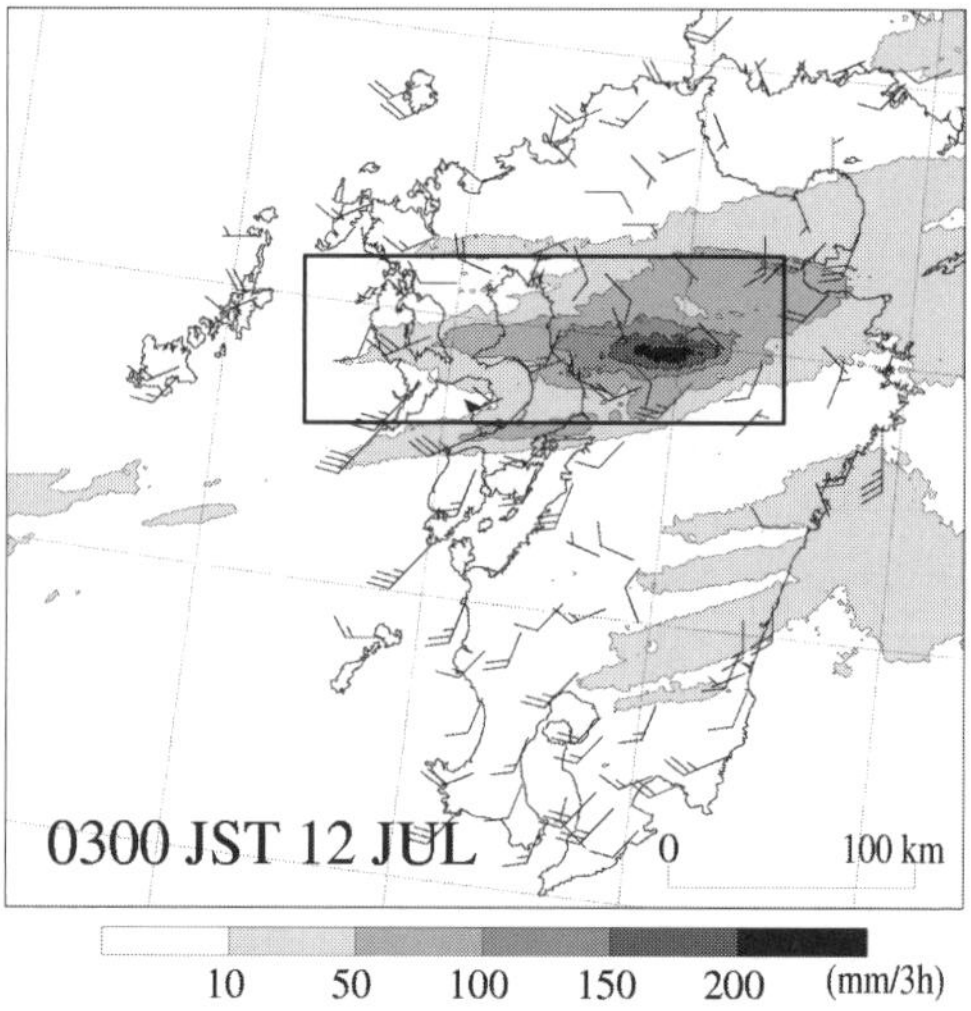

図4・7　2012年7月12日3時における前3時間の降水量分布。矢羽は3時でのアメダスの風、図中の四角は図4・8左図での気象レーダーによる降水強度の表示領域を示す。

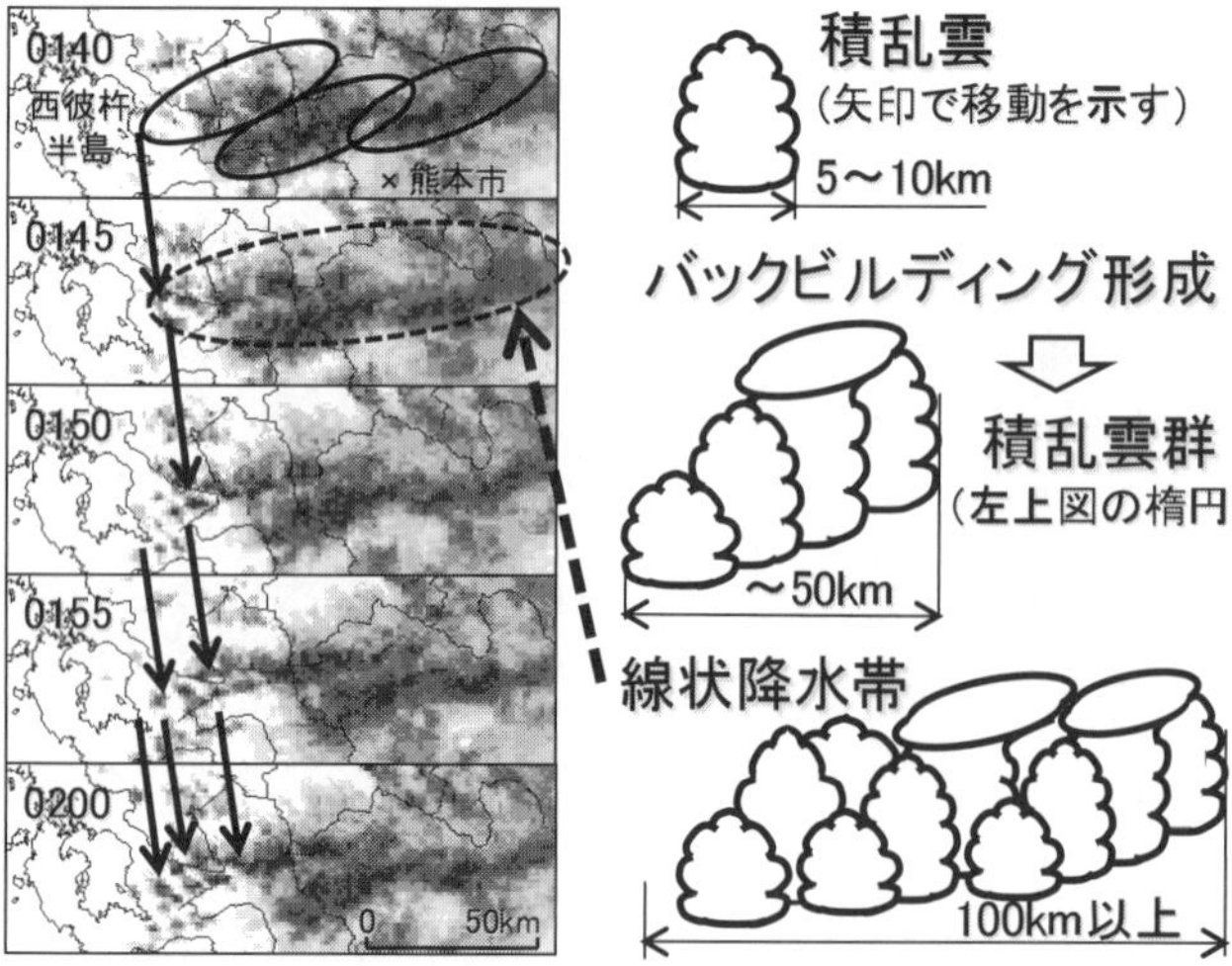

図 4.8　線状降水帯の構造とバックビルディング形成。左図は2012 年 7 月 12 日 1 時 40 分～ 2 時の気象レーダーによる降水強度（濃いほど強い）、右図は線状降水帯の階層構造を示す。（気象研究所報道発表資料　2012）

ます。これがバックビルディング形成で、積乱雲と線状降水帯を結びつけています。

バックビルディング形成でつくりだされる線状の降水域は、複数の積乱雲が組織的にまとまった積乱雲群で、50キロメートル程度のスケールをもちます（図4・8右中図）。一方、図4・7に示したように、集中豪雨をもたらした線状降水帯は100キロメートル以上のより大きなスケールをもっています。右下図のように、複数の積乱雲群で構成されているわけです。このように3時間降水量分布でみられた線状降水帯は、積乱雲群で構成され、その積乱雲群は積乱雲で構成されるといった、積乱雲をベースとした3階層からなる階層構造をもっているのです。

4　団塊状降水――どうして「ゲリラ豪雨」？

「ゲリラ豪雨」気象庁職員が命名！

ここまで説明してきたのは、数時間大雨が降り続くことで発生する集中豪雨。このほかに忘れてはならないものに、気象庁が局地的大雨と名付けている1時間程度の大雨、「ゲリラ豪雨」

と呼ばれるものがあります。「ゲリラ」とはゲリラ戦と呼ばれる不正規戦闘を行なう兵士であり、臨機に奇襲や待ち伏せを行なうことから、不意打ちで予想できないという意味で使われています。

〝ゲリラ豪雨〟は予報官が予測できない大雨として、1969年に気象庁の職員が命名した言葉です。最近では、大雨の頻度が増えたことで世間にアピールするために、予測できていた大雨もゲリラ豪雨として取り上げる報道機関もあり、本来の理由付けでかならずしも用いられているわけではなさそうです。ここでは、1時間程度の大雨である局地的大雨について説明します。

災害をもたらした降水域はどれ？

2008年8月5日、東京都豊島区

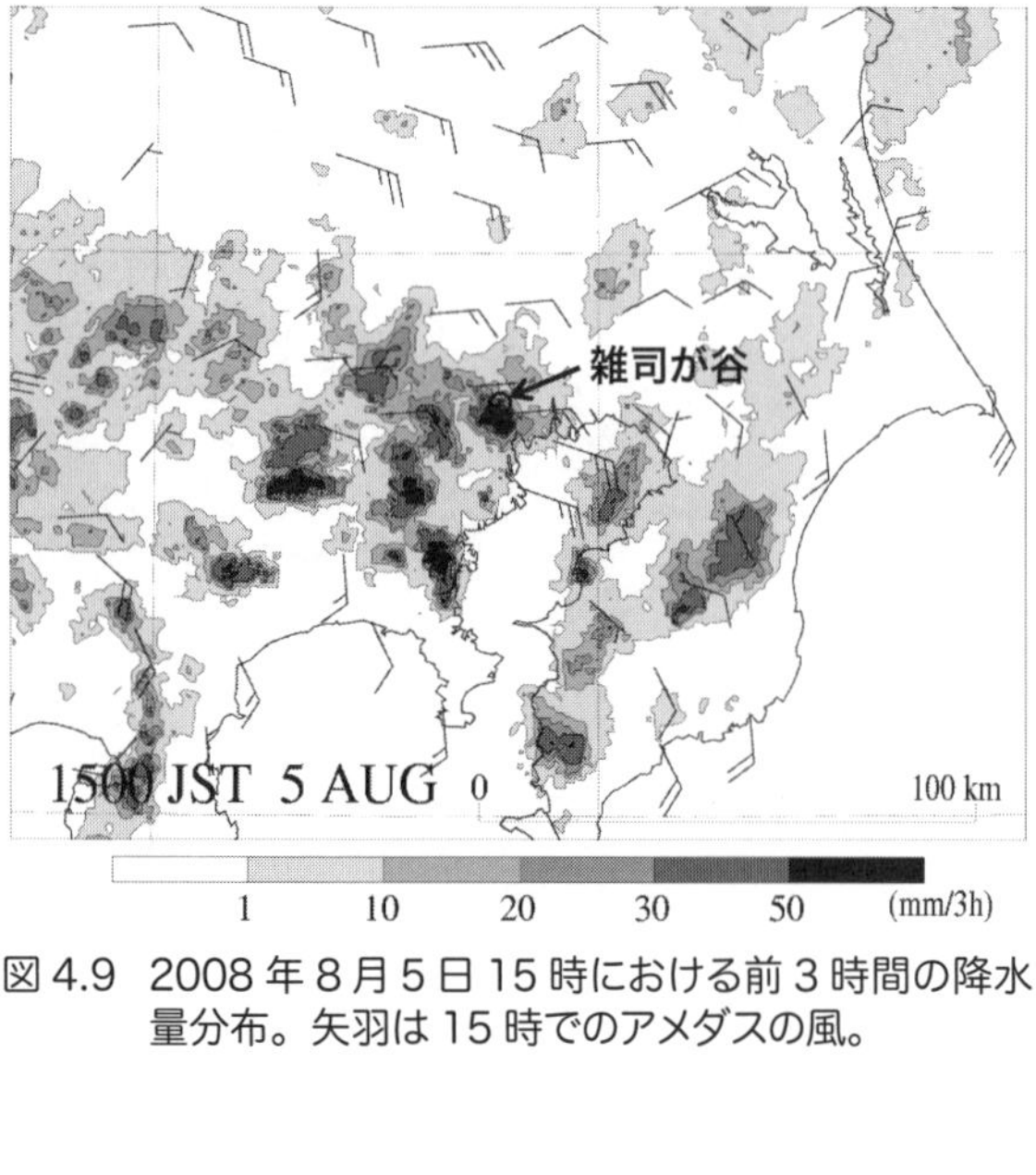

図 4.9　2008 年 8 月 5 日 15 時における前 3 時間の降水量分布。矢羽は 15 時でのアメダスの風。

雑司が谷のマンホール内で、下水道の工事中に作業員5名が、局地的大雨による急激な増水により流されて亡くなりました。雑司が谷の大雨です。大雨が観測された期間を含む3時間降水量分布を図4・9に示します。図4・7のような線状降水帯は存在せず、関東南部に20~30キロメートルのスケールをもつ団塊上の降水域が複数みられます。雑司が谷の位置を知らない人は、50ミリ以上の降水量に達している降水域が複数存在することもあり、どの降水域が雑司が谷の大雨なのか判断できないでしょう。

局地的大雨が発生するときは、しばしば団塊状の降水域が複数観測されます。たとえば関東南部といったある広さをもった領域に局地的大雨の発生が予測できても、詳細にどこで発生するかを予測するのは難しいわけです。これこそが、ゲリラ豪雨と呼ばれるゆえんです。

大雨の形態を決めるのは鉛直シア

集中豪雨、局地的大雨ともに降水をもたらすものは積乱雲です。同じ積乱雲からでも異なった大雨になる原因は、その形状と持続時間にあります。図4・7に示したように積乱雲のスケールは5~10キロメートルで、寿命は1時間程度です。ひとつの積乱雲でつくりだせる降水には限界があるので、バックビルディング形成で繰り返し発生した複数の積乱雲が線状降水帯を形成し、集中豪雨をもたらします。局地的大雨でも複数の積乱雲が発生して、大雨をもたらしていま

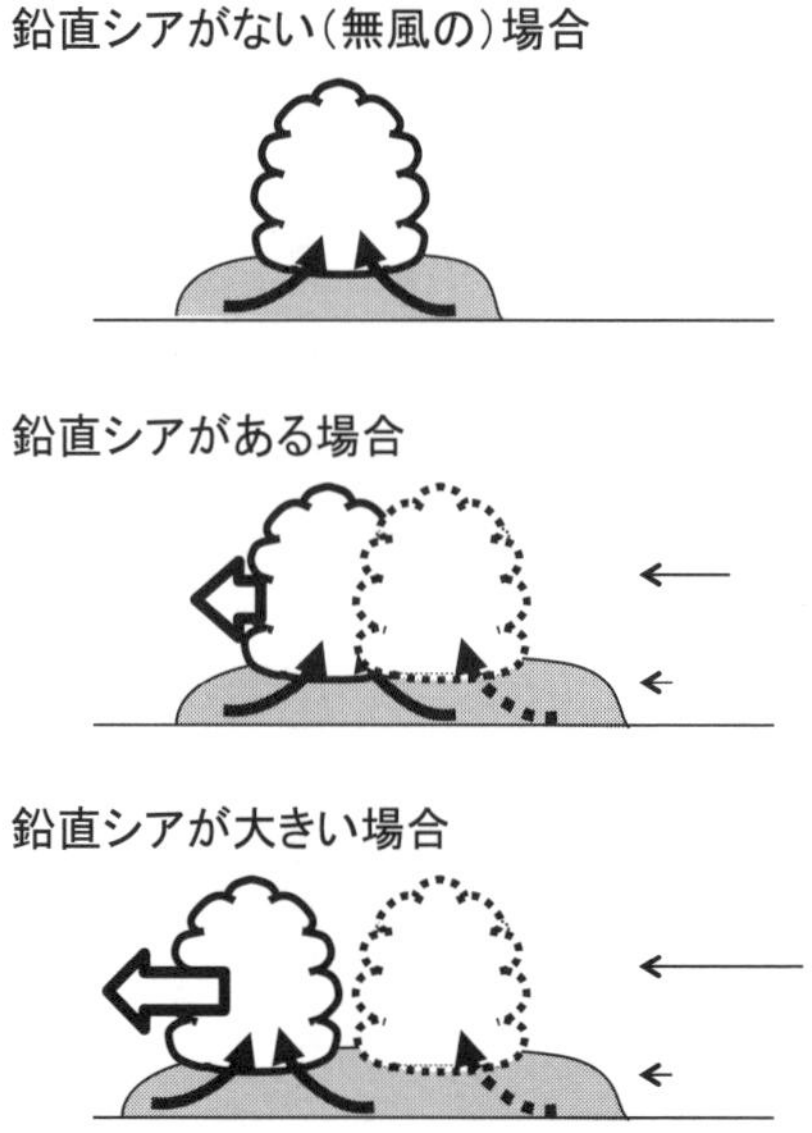

図 4-10　鉛直シアと下層水蒸気の供給との関係。積乱雲の移動を白抜き矢印、上空と下層の風の強さを右側の矢印、下層水蒸気の供給を太線の矢印、次に発生する積乱雲を点線で示す。

す。ともに繰り返し積乱雲が発生しますが、下層と上空の風速差が大雨の形態の決め手となります。この下層と上空の風速差は鉛直シアと呼ばれます。図４・10上図のように、鉛直シアがないと水蒸気を補給し続けることができないので、ひとつ積乱雲が発生するとその周辺の水蒸気の多くを降水に変えてしまって、積乱雲が繰り返し発生できません。反対に鉛直シアが大きすぎると、水蒸気は供給され続けて新たな積乱雲が発生しますが、既存の積乱雲から離れて発生するので、積乱雲群として組織的にまとまることができません（図４・10下図）。これは、積乱雲が大気の流れによって移動し、その移動が下層と上空の風速で決まるためです。積乱雲群を形成するためには、図４・10中図のように適度な鉛直シアが必要なのです。

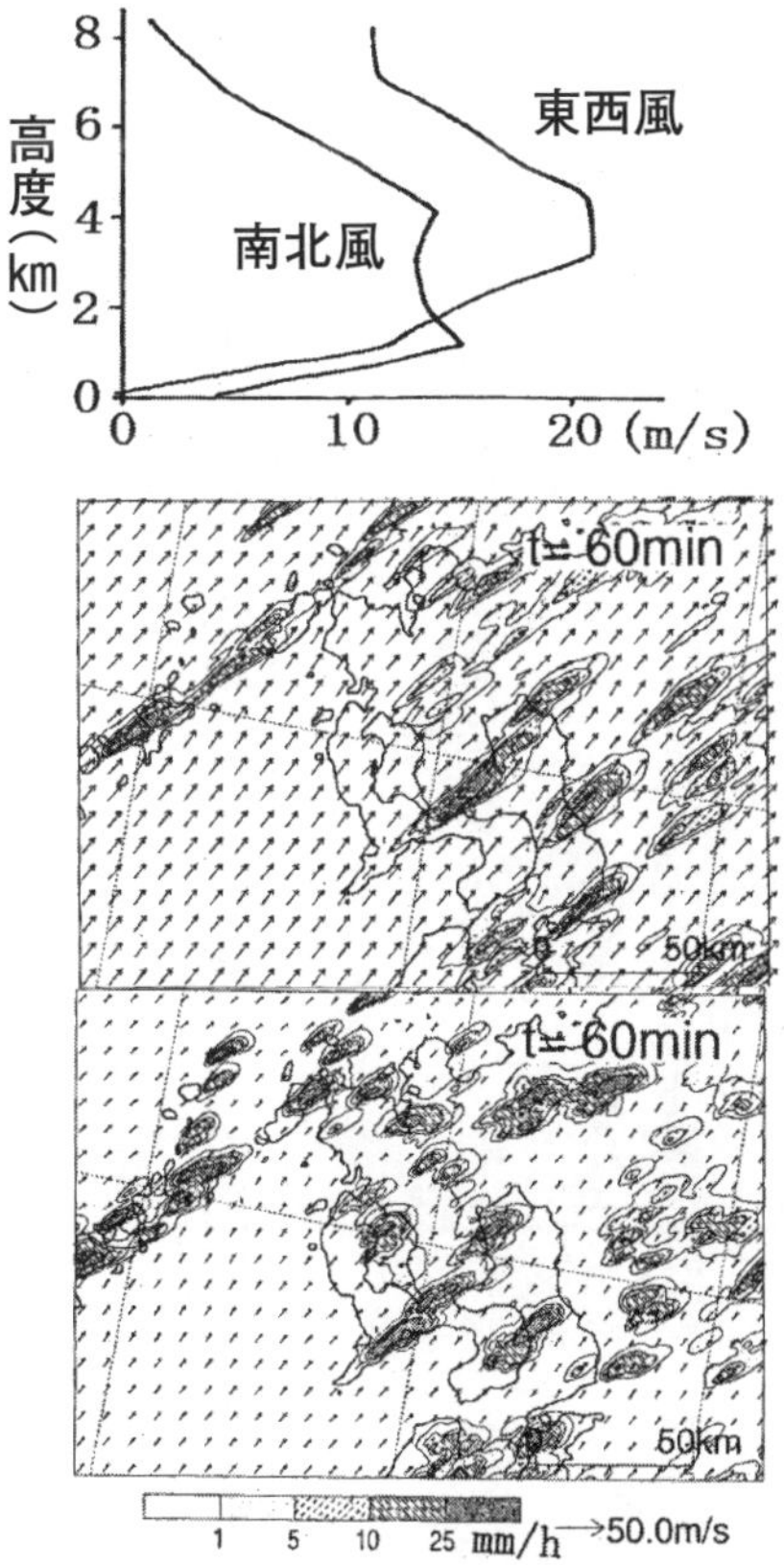

図 4.11　高度 3 キロメートル付近まで風速が増加する風のプロファイル（上図）を与えたときに予想される線状降水帯（中図）。風の強さを半分にしたときに予想される塊状の降水域（下図）。
(Yoshizaki et al., 2000)

図４・11に、鉛直シアを変えた場合の数値シミュレーション（詳しくはコラム１）の結果を示します。与えた風の鉛直分布（上図）では、高度３キロメートルまでに風速が20メートル毎秒以上増加しています。実際に長崎半島から北東方向に伸びた線状降水帯がみられたときに、長崎半島の先端にある野母崎《のもざき》の上空で観測された風の分布です。計算された降水分布（図４・11中図）には、長崎半島からの線状降水帯が再現できているだけでなく、南西から北東方向に長さ

100キロメートルを超える線状降水帯が複数みられます。線状降水帯が現れやすい風の鉛直分布を全域で与えたためです。風の強さを半分にしたらどうなるのでしょうか。結果（図4・11下図）をみると、降水域は線状ではなくなり、団塊状になっています。局地的大雨でみられるものです。局地的大雨が発生するには鉛直シアが強くてはだめですが、〝ある程度〟必要であることがわかります。この〝ある程度〟を正確に見極めて予測することが、集中豪雨や局地的大雨の理解において非常に難しいところなのです。

5 集中豪雨予測への挑戦！——海上での観測と積乱雲の予測

積乱雲を表現するのは大変だ！

集中豪雨を正確に予測するためには、積乱雲の構造を表現できる数値予報モデル（詳しくはコラム1）が必要です。図4・12上図に発達期の積乱雲の構造を示します。下層から上空に向かう上昇流が、水蒸気を上空に輸送し、雲氷や雲粒がつくられています。衝突併合などの過程を経て、雪やあられ、雨となり、降水として地上に達しています。降水は空気も一緒に引きずり降ろすので、降水域に下降流をつくりだしています。水平・鉛直スケールともに10キロメートル程度の積乱雲内には、複雑な構造と降水の成長に関わる過程があるわけです。図4・12上図に示した積乱雲の構造を格子間隔（コラム1での網目の間隔のこと）5キロメートルの数値予報モデルで表現しようとすると、10キロメートルは2つの格子に分割され、一対の上昇流と下降流しか表現することができません（図4・12下図）。また、この上昇流と下降流は図4・12下図の破線のように、格子位置が異なれば正確に表現することができません。正確に表現するためには、10キロメートルを複数の格子に分割し、少なくとも1〜2キロメートルの格子間隔が必要となります。数値予報モデルでは

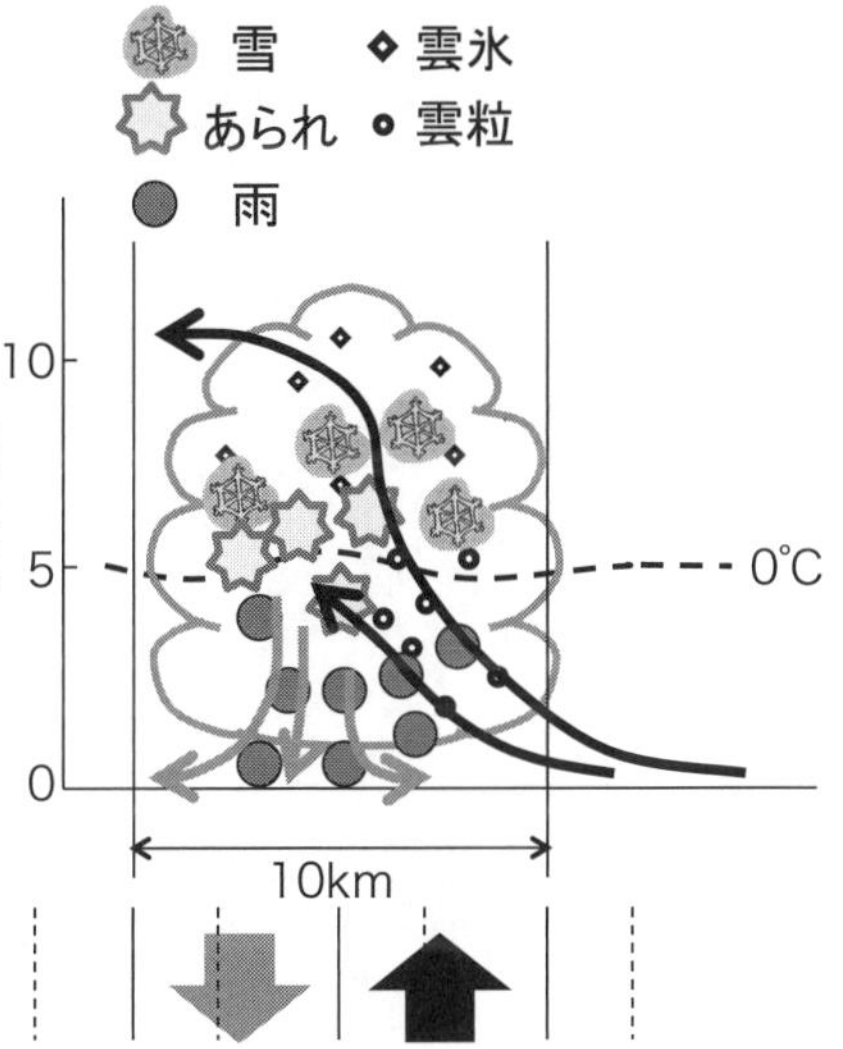

図 4.12　発達期の積乱雲内の構造と大きさ（上図）。下図は格子間隔 5km の数値予報モデルで表現できる上昇流と下降流を示す。破線は格子位置が違う場合。

格子間隔の5～8倍以下の水平スケールをもつ現象は直接表現できないのです。

現在、気象庁では天気予報（詳しくは第7章）に2種類の数値予報モデルを用いており、その格子間隔は地球全体を対象とする「全球モデル」では約20キロメートル、日本域を対象とする「領域モデル」でも5キロメートルです。[4-1] ただ、積乱雲によって降水がつくりだされる効果が、数値予報モデルのなかに取り入れられています。場所と時刻までドンピシャリということは少ないのですが、水平スケールが100キロメートルの線状降水帯の多くは領域モデルで予測できるようになってきています。

1990年代後半には、コンピュータの計算能力の進歩により1～2キロメートルの格子間隔の数値予報モデルの実行が可能となり、集中豪雨の再現に挑む研究が行なわれるようになりました（Kato,1998など）。発達した積乱雲が直接表現できるので、149ページで述べた線状降水帯の構造やバックビルディング形成のしくみがわかってきたのです。

大雨をもたらす水蒸気は海上からやってくる

大雨を降らせるためには大量の水蒸気が必要です。日本付近で大雨をつくりだす水蒸気の起源は、日本列島周辺の海にあります。暖かい海上を風が吹くと、風とともに移動する空気は海面から蒸発した水蒸気を受け取り、その水蒸気が大気下層に蓄えられるわけです。ただ、中国大陸のような広大な場所では、水田などからの蒸発も無視できないという研究成果（Yamada 2008）もあります。

集中豪雨を予測するためには、まず海上での水蒸気の情報が必要となります。図4・13は日本周辺での高層気象観測点を示しています。高層気象観測は通常、朝と夜の9時に行なわれ、大きな風船に取り付けたラジオゾンデと呼ばれる気象観測測器で、上空の気温や相対湿度などを直接観測し、カーナビと同じ原理でGPS衛星によりゾンデの位置を測定することで風向・風速が推定されます。衛星による多様な観測がなされていますが、いまだに大気下層の水蒸気

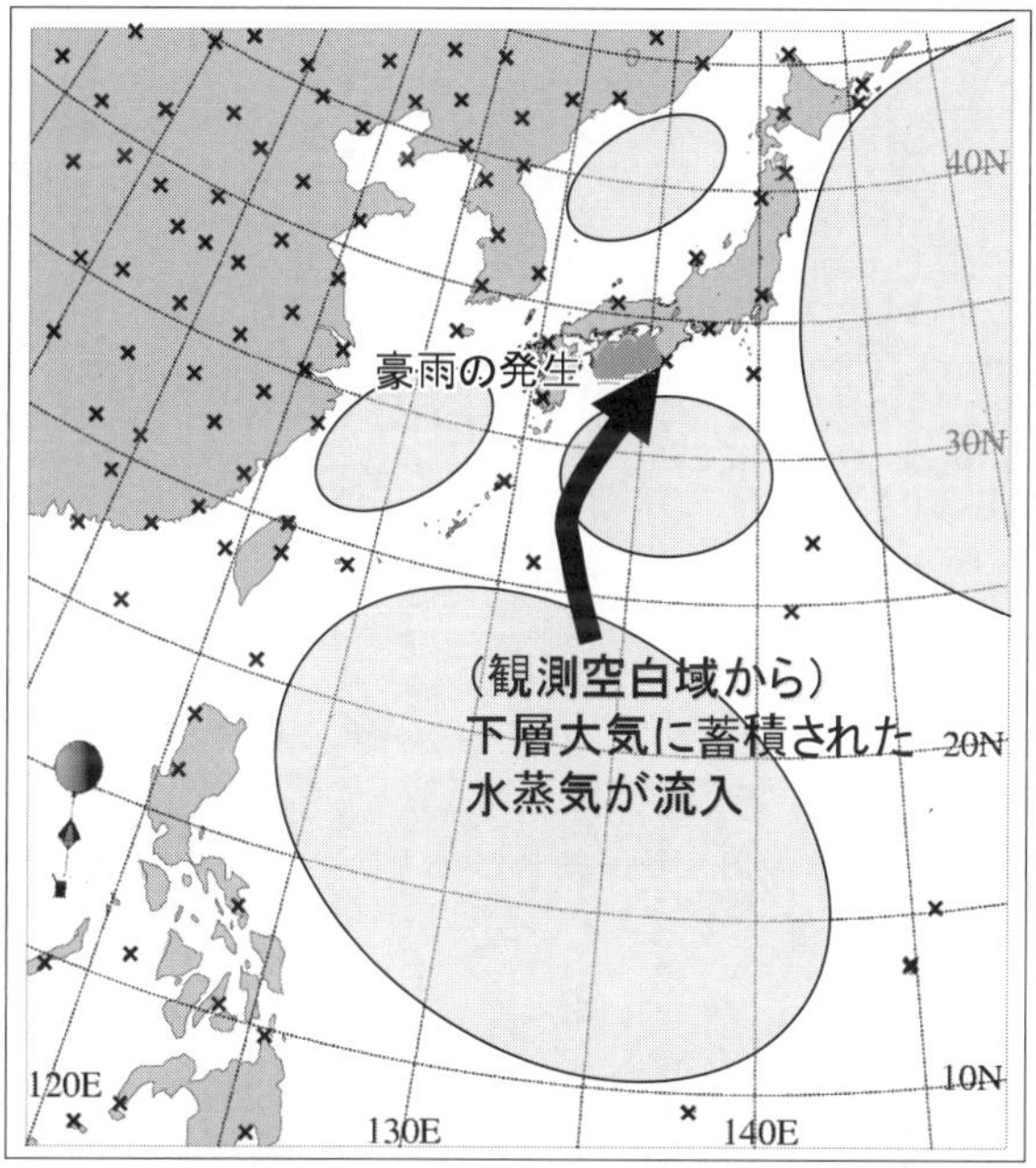

図4.13　日本周辺での高層気象観測点（×）。観測空白域を楕円で示す。太い矢印は四国で豪雨が発生する場合の下層水蒸気の代表的な進入経路。

量を正確に測定できるのはラジオゾンデだけです。高層気象観測点はおよそ200キロメートル間隔に配置されていますが、日本列島の南海上は陸地が少ないために観測の空白域が広がっています。日本列島に集中豪雨をもたらす水蒸気の多くはこの観測空白域からやってきます。数値予報モデルによる集中豪雨の予測精度を向上させるのが難しいのは、この空白域に原因があります。

それなら、海上での観測を行なえばよいのでしょうが、簡単には実現できません。船舶を出して高層気象観測を行なう、飛行機を飛ばして上空からラジオゾンデを落として観測する。これらの観測はとても費用がかかるのです。実用化はされていませんが、レーザー光を上空に発して、反射光の屈折率から大気下層の水蒸気の情報を推定できる水蒸気ライダーという観測測器が開発されています。また、GPS衛星による大気下層の水蒸気分布の推定法が検討されています。GPSによる位置決定は複数のGPS衛星からの電波を受信することで行なわれています。その電波が衛星から届く時間は水蒸気による影響を受け、電波の遅延が発生します。この遅れを視線遅延量といい、複数のGPS衛星からの視線遅延量から、水蒸気分布が水平方向一様として、水蒸気を鉛直方向に積算した量である可降水量が推定できるのです。新たに、複数の視線遅延量から直接、水蒸気の3次元構造を推定しようとする試みがなされています。高層観測に代わる新たな下層水蒸気場の観測技術や推定法の研究が進行しつつあります。

コラム8　水蒸気の通り道
――梅雨明け直後のトカラ列島

〝じっとり〟した梅雨の暗いイメージに対して、梅雨明け後のイメージは、〝カラッ〟とした夏空が広がるといった明るいものでしょう。もちろん、気分的なものも大きいでしょうが……。でも、沖縄諸島や薩南諸島などからなる南西諸島では異なります。梅雨明け直後は夏空が広がりますが、〝じっとり〟した大気状態がしばらく続いて、とても不快な時期なのです。それは、南西諸島が梅雨の続いている九州に供給される大量の水蒸気の通り道に位置するからです。

九州の南、奄美大島との間に、2009年7月の皆既日食で注目されたトカラ列島（図4・14）が存在します。鹿児島市からフェリーが週2便程度運航されているだけで、日本列島のなかでも小笠原諸島に並んで交通の便が非常に悪いところです。フェリーに乗って9時間、トカラ列島の平島《たいらじま》に着きます。平島は2平方キロメートルほどの小島で、壇ノ浦で破れた平家一門が落ち延びた最後の島だと言い伝えられています。磯マグロといわれる巨大魚などが釣れ、渡りの時期には多くの鳥たちが立ち寄り、珍鳥に出会うことができるそうです。

平島には、集中豪雨のメカニズム解明を目的に1996年6月20日～7月10日に行なわれた九州南部豪雨観測実験で、ラジオゾンデの臨時放球サイトが設置されました。ラジオゾンデは本文中で説明したように大きな風船に取り付けた気象観測測器で、上空の気温や相対湿度などを直接観測します。九州南部では、気象庁が通常観測として鹿児島市と奄美大島の名瀬市から一日2回放球しています。その2つの観測を補完するために、ほぼ中間位置に存在する平島で臨時観測が行なわれ、その観測データは九州南部での集中豪雨解明の研究に利用されました。ただ、現在のようにインターネットなどで情報収集が容易ではなかったなかで、ゾンデを放球しやすい平らな島だろうと想定して、平島に放球サイト設置を決定しました。じつは図にある写真のように険しい島で、風船に取り付けた気象観測測器が山にぶつからないようにするため、ゾンデの放球には苦労がともないました。

1996年の梅雨明けは、平島を含む奄美地方では6月24日ごろ、九州南部では7月13日ごろでした。豪雨観測実験の後半の7月上旬、九州南部では梅雨が継続していましたが、平島では梅雨明け直後で、青空が広がっていました。ただ、南よりのやや強く非常に湿った風が吹いていました。風が強いと小島では海の影響を大きく受けて、最高気温は日射があっても周辺の海面水温（～28度）を大きく上回ることはありません。実際には30度程度になりました。気温はその程度なのですが、日中の相対湿度が90パーセントぐらいありました。夜になっても、気温は28度程度にしか低下し

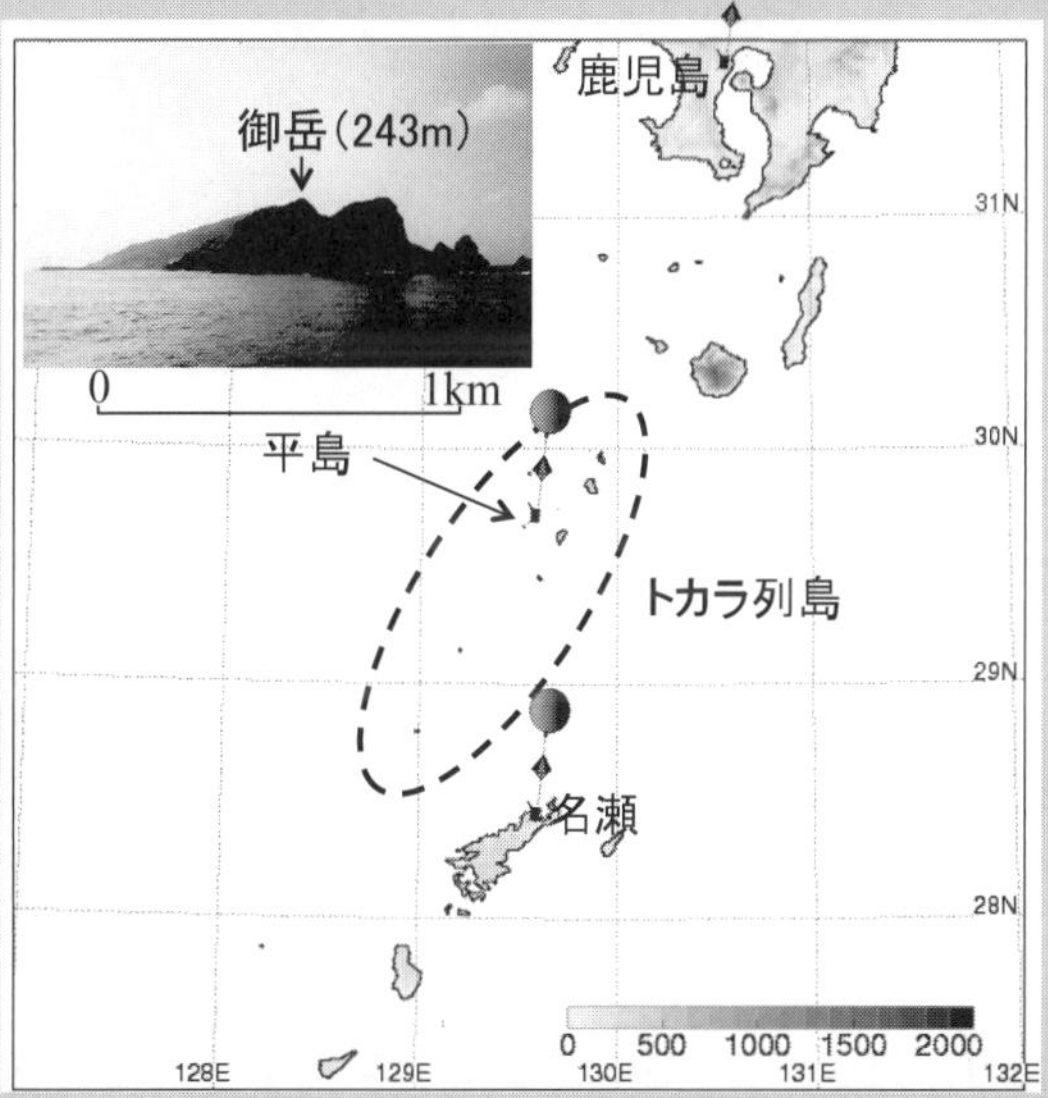

図 4.14　トカラ列島周辺の地図と平島（左上写真）

ない一方、相対湿度は１００パーセント近くになりました。一日中不快指数が82を超え、〝暑くて汗が出る〟体感状態です。このような状態でも人間は慣れるようで、１週間もすればそれほど苦にはならなくなりました。

平島で感じた湿った空気、すなわち大量の水蒸気が南よりの強い風で北のほうに運ばれて、九州南部では大雨になっていたのです。この観測および経験が、大気下層の水蒸気にこだわった集中豪雨の研究のきっかけになったわけです。

海上で水蒸気はどのように蓄積されるの？

ある程度の厚みをもった大気の層に水蒸気が蓄積されないと、大雨をもたらすだけの降水をつくりだすことはできません。少なくとも５００メートルほどの厚みが必要だといわれています。ところが、何と、水蒸気が自らその厚みの層をつくりだしているのです。水蒸気が多く含まれているほど空気は重くなると思われるかもしれませんが、逆なのです。アボガドロの法則というものがあります。同一体積、温度、圧力のもとでは含まれる分子数は同じという法則です。水蒸気が含まれない空気の重さは、約75パーセント存在する窒素と約25パーセントの酸素の分子量にほぼ比例し、その平均分子量は1キロモル当たり約29グラムになります。一方、水蒸気の分子量は1キロモル当たり18グラムなので、水蒸気の分子が多く含まれているほど空気が軽いことになります。軽い空気は上空に運ばれるので、海上に水蒸気が蓄積されるのです。

この水蒸気の蓄積過程がどの程度一般的なのか、海上での観測データがほとんどないので確かめようがありません。海上によく現れる積雲や層積雲といった背の低い雲が、効率よく上空に水蒸気を運んでいるのかもしれません。集中豪雨を予測するためにも、多様な海上での水蒸気の蓄積過程の解明が望まれています。

「ゲリラ豪雨」は確率的に起こるはず！

ゲリラ豪雨と呼ばれる局地的大雨。発生しやすい場所は広域には想定されるものの、どこで発生するかを的確に予測するのは、数値予報モデルの格子間隔が細かくなったとしても難しいのが現状です。そこで、少し視点を変えた新たな工夫として、アンサンブル手法（詳しくは第7章）というものがあります。数値予報モデルの初期値にわずかなバラツキを与えて複数例の数値予報を行ない、確率情報を出します。この情報から、週間天気予報での降水の有無の予報における信頼度が決められています。同じ方法を適用すれば、局地的大雨の発生しやすい場所を確率的に予測することができるはずです。世界一の計算能力を有していた京速コンピュータを用いて、局地的大雨を対象に、積乱雲が表現できる1～2キロメートルの格子間隔の数値予報モデルを用いたアンサンブル手法に関する研究がすすめられています。

観測データが大切

集中豪雨をもたらす積乱雲。飛行機から見た雲の形が多種多様なように、積乱雲も背が低いものから高いものなどまであり、その発生や発達メカニズム、降水の形成過程には未解明な点が多く残されています。未解明な点を解消するには、多様な積乱雲をＣＴスキャンで撮影するような詳細な観測が必要不可欠です。また、数値予報モデルの集中豪雨の予想精度を上げるためには、数値予報モデルに組み込まれている大気現象の諸過程を改良するのに加えて、初期値を改善する必要があります。ここでも、新たな観測データが必要になります。

現在、いろいろな気象測器を配置して、首都圏で特別観測を行なっています。[4・2] たとえば、降水を観測する気象レーダーだけでなく、雲を観測することができる気象レーダーを用いて、降水が生成される前の積乱雲の発生メカニズムの解明に挑戦しています。また、その気象レーダーの情報を数値予報モデルの初期値に加えることで、局地的大雨の再現がよくなるという結果もすでに示されています。

集中豪雨の研究では、数値予報モデルと観測データを有効に利用しつつ、両者を融合させながらすすめる必要があります。数値予報モデルと観測システムの関係者が手を取り合ってこそ、最良のものをつくり上げることができるでしょう。そのような研究体勢が望まれています。

4・1　領域モデルとは、計算したい地域だけを対象に、ある特定の範囲だけを計算する数値予報モデルです。

4・2　2010年から実施されている科学技術戦略推進費「気候変動に伴う極端気象に強い都市創り」

コラム9　海上の気象台
——気象観測船啓風丸（初代）

各都道府県にかならず1つは設置されている気象台。その任務は天気予報や注意報、警報を発表するだけでなく、気象観測を行なうことも大切な役割のひとつとなっています。気象観測では、地上での気温、湿度、風向、風速、降水量や日照時間を測定するだけでなく、雲の種類や割合と何キロメートル先まで見えるかを気象庁の職員が直接目視で判断しています。それに加えて一部の気象台では、本文中で説明した気象レーダーによる雨域の観測と、ラジオゾンデを用いた高層気象観測を行なっています（現在は、その多くが東京にある気象庁本庁から遠隔操作で実施されています）。

そのような気象観測をする気象台が、かつて海上にありました。2000年まで31年間活躍した気象観測船啓風丸《けいふうまる》（初代）です。なお、2代目啓風丸は役目を北西太平洋での海洋気象観測に変え、海洋からの気候変化を把握するために現役でがんばっています。

啓風丸（図4・15）には、約1800トン、全長約80メートルという母体の上に、レドームと呼ばれる白いボールのようなものが2つ置かれていました。その中には、気象レーダーとラジオゾンデを追尾する別のレーダー（現在は本文中で説明しているようにGPS衛星でラジオゾンデの位置を推定しています）が設置されていたのです。そうです。啓風丸は海上の気象台として、航海士・機関士・甲板員・厨房員などの船員約20名と気象観測員（気象士と呼ばれ、航海士、機関士と同じく士官待遇で乗船）約20名によって、海上気象観測に加えて気象レーダーによる観測と高層気象観測を行なっていたのです。

気象庁による海上気象観測は１９３４年の室戸台風の惨事を教訓に、１９３７年に凌《りょう》風丸《ふうまる》が新造され実施されることになりました（現在の凌風丸は3代目で、啓風丸と同様に海洋気象を目的に観測を行なっています）。この海上気象観測と東京オリンピックのあった１９６４年に設置された富士山レーダー（通常の気象レーダーの倍の半径約６００キロメートルの雨域を観測できました）と、１９７７年に最初に打ち上げられた〝ひまわり〟の愛称でなじみのある気象衛星には、共通した使命がありました。それは、台風の実況と動向の把握です。啓風丸（初代）もその使命の一端を担っていたのですが、船の老朽化もあって気象衛星に任務を任せて引退しました。富士山レーダーも、ほぼ同じ時期（１９９９年）に同じ理由で運用を終えました。

啓風丸は海上の気象台として、天気予報に役立つ情報を提供するために、季節ごとに日本周辺の異なる海域で気象観測を行ない、年間約２００日の航海を実施していました。台風が発生する季節には台風の周辺で、梅雨期には大雨が発生しやすい九州の風上にあたる東シナ海で、冬季には厳寒の日本海で観測し

図 4.15　1988 年、函館港に入港した啓風丸と著者

ていました。風が強く、とても荒れる海に乗り出していたわけです。たとえば著者が乗船していた1987年8月には、沖縄の石垣島に船員の休養と食料などを補充するために寄港していました。そのとき台風が接近してきたので、漁船は避難するために港に帰ってきていました。啓風丸は寄港期間を短縮して、逆に荒れる海に飛び出したのです。波の高さは10メートル近くになりましたが、その貴重な観測データは当時の天気予報に利用されたわけです。

波の高さと大気現象には非常に密接な関係があります。波は、地震で引き起こされる〝津波〟は別として、通常2つに分類されます。1つは海上に風が吹くことで引き起こされる風波とも呼ばれる〝風浪《ふうろう》〟で、もう1つはその波が海上を伝わってきた〝うねり〟です。風浪は風が強くなるほど強くなり、うねりはその風下で徐々に高くなります。どこで風浪やうねりが高くなるかは、低気圧や高気圧による気圧配置によって決まります。冬の天気予報で、西高東低の気圧配置で等圧線が混んでいるので風が強くなり、沿岸で波が高くなるなどと解説しているのはその一例です。1年間の気象観測船での観測員としての経験は、船が揺れるという体感からも気象学を学ぶことができる機会を与えてくれました。

引用・参考文献

Kato, T.: Numerical simulation of the band-shaped torrential rain observed over southern Kyushu, Japan on 1 August 1993. J. Meteor. Soc. Japan, 76, 97-128, 1998

加藤輝之「新潟・福島豪雨の発生要因」気象庁技術報告、１３４、１１９－１３６、２０１３

気象研究所報道発表資料「『平成24年７月九州北部豪雨』の発生要因について～強い南西風の持続と東シナ海上からの水蒸気供給～」http://www.jma.go.jp/jma/press/1207/23a/20120723_kyushu_gouu_youin.pdf

津口裕茂「集中豪雨事例の客観的な抽出とその特徴・環境場に関する統計解析」平成24 年度予報技術研修テキスト、１２６－１３７、２０１３

Yamada, H.: Numerical Simulations of the Role of Land Surface Conditions in the Evolution and Structure of Summertime Thunderstorms over a Flat Highland, Mon. Wea. Rev., 136, 173-188, 2008

吉崎正憲・加藤輝之『豪雨・豪雪の気象学』朝倉書店、１８７、２００７

Yoshizaki, M., T. Kato, Y. Tanaka, H. Takayama, Y. Shoji, H. Seko, K. Arao, K. Manabe and Members of X-BAIU-98 Observation Group: Analytical and numerical study of the 26 June 1998 orographic rainband observed in western Kyushu, Japan. J. Meteor. Soc, Japan, 78, 835-856, 2000

第５章

梅雨の研究

あなたにとって梅雨は、
どんな季節ですか？

梅雨は、日本に住む皆さんの多くが厄介に感じる季節かもしれません。梅雨とは、言うまでもなく、春と夏の間の5～7月に不快指数がすごく高くなり（湿度が高すぎて汗が蒸発してくれないので不快に感じる）雨がたくさん降る、あの〝5番目の季節〟のことです。

この章は、読者の皆さんの視点に立った「梅雨研究の疑似体験」のガイドにスタイルを変えてみようと思います。ここでは、梅雨、あるいは、それをもたらす梅雨前線について、文章から受動的に情報や知識を受け取るだけではなく、皆さん自身が能動的に考え、「研究を疑似体験」し、それをもとに最先端の研究の紹介へつなげていきます。

「いやいやいや、でも私は専門家じゃないし、研究だなんて……」

ひょっとしたらそんなふうに思う方もおられるかもしれません。そう思われた方は、「研究」の捉え方を少し変えてみてはどうでしょうか？

たしかに気象学は、他の章でも解説されているように高度にすすんだ学問であり、気象学の研究は、大学や研究所あるいは気象庁にいる専門家によってなされる仕事です。もちろん、そうした専門家の最先端の研究も紹介していきますが、もう少しやわらかい定義でも「研究」を捉えてみましょう。

梅雨前線は「地球最長の前線」

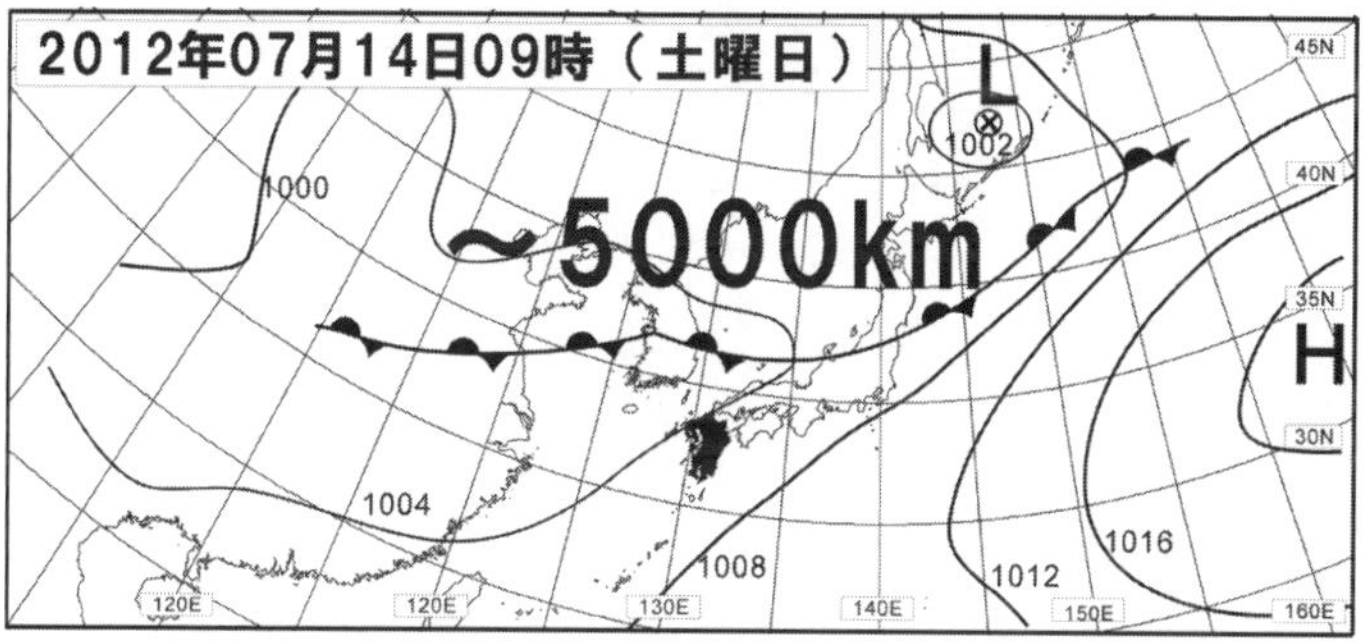

図 5.1　2012 年7月 14 日 9 時の天気図上の梅雨前線。冷たいオホーツク海高気圧と暖かい太平洋高気圧による異なる気団の境界線として、それが何日も居座るといろいろと困ったことが起こります。

この章で提案する「梅雨研究の疑似体験」は、むかし小学校などでやった自由研究のような感覚で、自分でも調べてみる、という入り口に立つことからはじめていきます。野球やサッカーでも自分で実際にボールを投げたり、蹴ったりする感覚をもっているほうが、プロの選手の技術や動きの意味をもっと深く楽しめる、それと似たようなことだと思ってトライしてみてください。

そのうち、「素朴な疑問を思いついたら、考えて、調べて、議論するのが楽しくてやめられなくなってしまう」ようになれば、しめたものです。この章での梅雨の研究の疑似体験を通じて、皆さん自身の状況や興味に合わせて、より必要な知識や情報を選び、いつでも手繰り寄せられるようなコツをお伝えできればと思います。そしてぜひ、「自分なりの研究をしてみることは、自分だけでもできる防災」

のひとつだということを少しでも理解していただけたらと思います。

さて、梅雨は、より一般的な「雨季」という言葉になおすと、「東アジアに独特な雨季」といえます。一般的には、雨が降らない「乾季」に対して、雨が多く降る季節を「雨季」という場合がほとんどです。それに対して、梅雨は、「他の季節もそれなりの雨が降っているけど、この時期はさらによく降る」という「雨季」であるところが独特だといえます。そして、この梅雨という季節の主役は、もちろん梅雨前線です。

梅雨前線とは、5～7月の天気図に停滞前線の記号で登場する「世界最長の前線」です（図5・1）。中国の内陸部から日本の東、太平洋上にまで東西に5000キロメートル以上にも伸びます。これは、通常の低気圧にともなってみられる温暖前線や寒冷前線が1000～3000キロメートルであることとくらべると随分長いことがわかります。そして、長いのは水平方向の長さだけではなく、同じ場所に居座る時間も長いのです。

しばしば起こってしまう雨による災害は、この梅雨前線が同じ場所に居座って、雨が長続きしすぎてしまうことが要因です。しかも、天気図に記されている前線の記号の位置付近だけでなく、そのかなり南側でも非常に強い雨が降ることがあります。

たとえば、2012年7月11日から14日にかけて九州北部の広い範囲に被害をもたらした平成24年7月九州北部豪雨。熊本県阿蘇市乙姫《おとひめ》では、7月11日からの4日間だけで800ミリ以上にもなる雨が降ってしまいました。800ミリメートル、つまり80センチメートルというと、大体満杯になったお風呂くらいの深さです。そのまま貯まれば、それだけの深さになるほどの雨が九州北部の広い範囲で降り続き、どんどん谷に集まりながら下流へ流れていく途中、土砂崩れや洪水などのさまざまな被害を引き起こしてしまったのです。

厄介な〝5番目の季節〟と少しでも付き合いやすくなるために、ただの知識ではなく、より理解を深めるやり方を身につけることができたら、いつかきっと直接的・間接的に役に立つ日がきます。

では、より理解を深めるやり方を身につけるにはどうしたらいいでしょうか？　たとえ、きっかけは災害に対する恐ろしさや痛ましく思う気持ちであったとしても、理解するには、まず平常時に楽しみ親しんでおくことが大事です。

この章では、梅雨について、自分で研究してみると面白い点、もっとみんなで研究しなくてはならない点を探していこうと思います。

1　初めての梅雨研究に挑戦

「暖かく湿った空気が大量に流れ込んでいるため、前線の活動が昨日よりも活発になり、九州北部では、各地で断続的に激しい雨が続いています」

梅雨の時期になると、こうしたお決まりのフレーズが毎日のようにテレビやラジオから流れてきます。しかし、おそらく多くの方にとって、「梅雨前線」についてまとめて学ぶ機会は、少ないのではないでしょうか。中学の理科では、「気象」の一般的な知識としての低気圧・高気圧などと並んで、梅雨前線についても少しだけふれられている程度のようです。

「冷たいオホーツク海高気圧と暖かい太平洋高気圧による異なる気団の境界線としてできる」とか「太平洋高気圧が5月から7月にかけてだんだんと強くなるにつれて、現れる位置がより北の緯度に移っていく」といった大まかな知識は、比較的多くの方が思い出せるのではないでしょうか。とはいえ、梅雨前線についての記述は、教科書によっても違いはあるものの、あまり詳しくない場合が多いようです。

もし、高校で地学の授業を受けたり、気象関連の書籍を読んだりしたことがあれば、「アジア

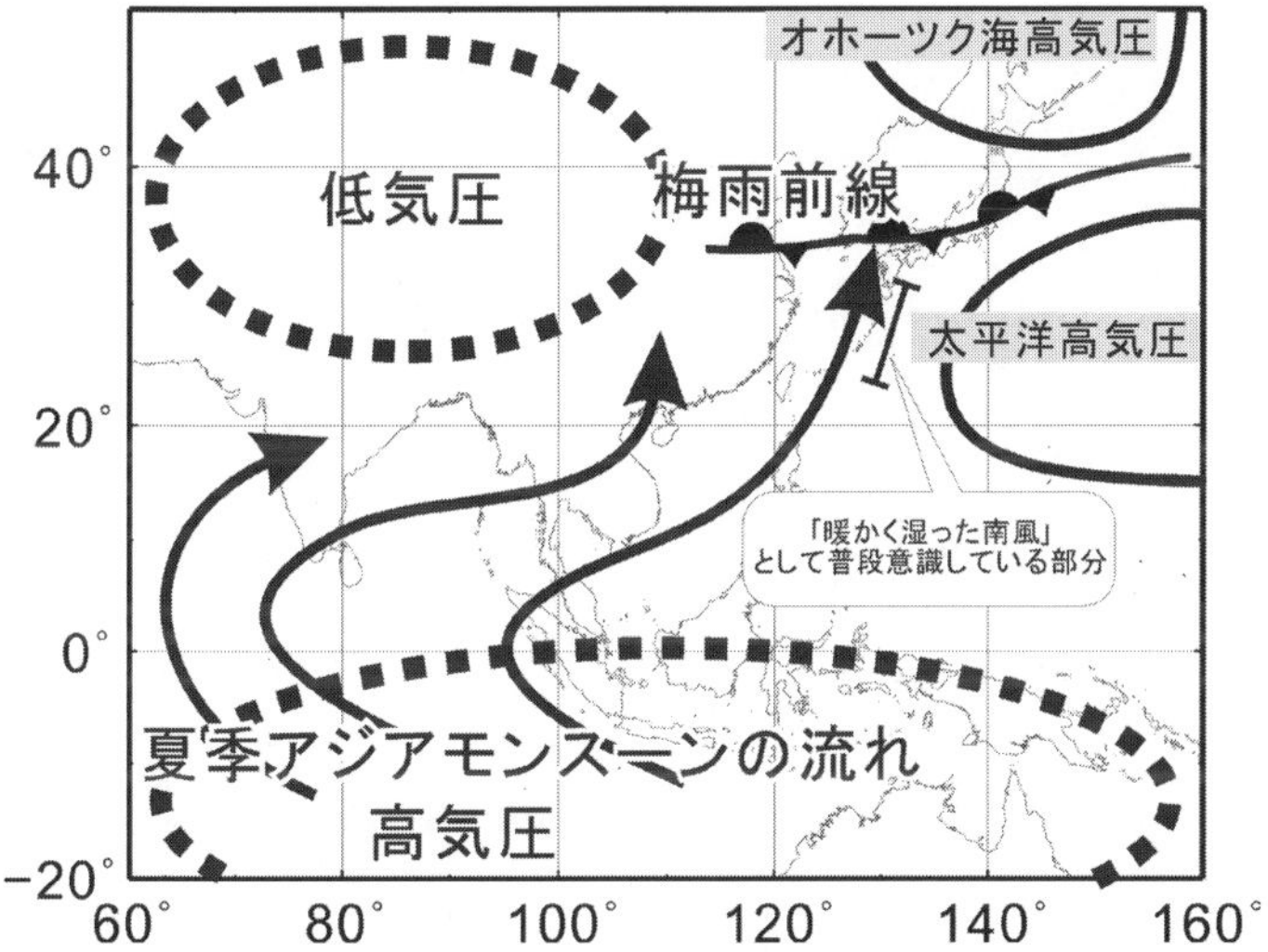

図 5.2　夏季アジアモンスーンの流れ。北半球の大陸が暖められて、南半球の海に対して相対的な低気圧となって生じる流れです。梅雨前線に流れ込む「暖かく湿った南風」は、そのごく一部をみていることになります。

モンスーン」という言葉もご存じかもしれません（図5・2）。梅雨の時期によく耳にする「暖かく湿った南風」をアジア域全体でみたときの名前が、「夏季アジアモンスーン」です。モンスーンとは「季節風」のことです。日本では、冬季にシベリアから吹いてくる「冬の季節風」なら聞き馴染みがあると思います。日本語ではほとんど使いませんが、いわば「夏の季節風」のごく先端部分をさして、「暖かく湿った南風が梅雨前線に流れ込み……」と言っているわけです。

夏季アジアモンスーンは、熱帯のインド洋や太平洋から多くの水蒸気をたずさえて、梅雨前線までやってくる大規模な流れです。夏季アジアモンスーンは、熱帯の海洋上をはるばると流れてくるなかで、熱帯の暖かい海からたくさんの水蒸気を吸いこんでやってきます。その夏季アジアモンスーンが、梅雨前線上でたくさんの雨をつくる源となっているのです。

さて、習ったはずの知識は、今一度思い出していただけたでしょうか？　ここまでがおおよその梅雨前線の基本的な全体像についてのお話です。

しかし、まだすっきりしない、わかった気がしない、という感覚をかつての私は味わいました。それは、教科書で覚えた大まかな知識と、実際に日々感じることがなかなか一致していない部分があったからなのではないかと思います。皆さんは、いかがでしょうか？　同じ停滞前線の記号の上でも、九州では断続的な大雨、自分のいる関東ではせいぜい曇りかしとしとと長雨、といった具合です。つまり、同じ梅雨前線による雨といっても、自分の体験につながる雨の降り方や強さに幅がありすぎて、自分なりの納得をつくりにくいのではないかと思います。

そこで、ここでは、皆さん自身が能動的に研究することをおすすめしたいと思います。その入口として、ごくごく簡単に誰でも調べられる情報を探してみるところからはじめてみましょう。

気象庁のホームページでは、全国の観測地点における降水量の値などをまとめて公開しています。ここで、調べてみたい場所や時期、期間など好きなように選んで、実際の数値を簡単に調べ

	今住んでいる土地の…	かつて住んだ土地の… （実家は…）	○○だから気になる！土地の… （災害があったから気になる！）
観測点名	（横浜）	（新潟）	（阿蘇乙姫）
5月6月7月のうち、降水量が最大になる月は？	（6月）	（7月）	（6月）
その月の平均的な月降水量は？	（190.4mm）	（192.1mm）	（579.8mm）

表5.1　皆さん自身にとって馴染みのある土地をいくつか選んで、“その土地にとっての梅雨”がどんなものか、まとめてみてください。括弧内は筆者の場合です。表の項目を自由に増やしてみると、もっと楽しくなりますよ。

てみることができます。

このページの情報のなかから、自分の住んでいる場所の雨の量や湿度など、いろいろ調べて、表5・1に記入してみてください。括弧内には、私にあてはまるものをそれぞれ記してありますが、もちろん、思いつくままに自由なルールで調べてくださって結構です。ほんの数分で調べられますので、気になるいくつかの土地の梅雨の特徴をくらべてみましょう。

まずは、気象庁の公式ホームページ（http://www.data.jma.go.jp/obd/stats/etrn/）を開いてみてください。「気象庁」で検索すれば、トップに表示されます。そこから、ホーム→気象統計情報→過去の気象データ検索とクリックしてすすんでみてください。

いかがですか？　いくつかの土地を比較してみて、どんな違いがあるでしょうか？　似ているところ、随分違う印象の数値、いろいろとみつかるはずです。ま

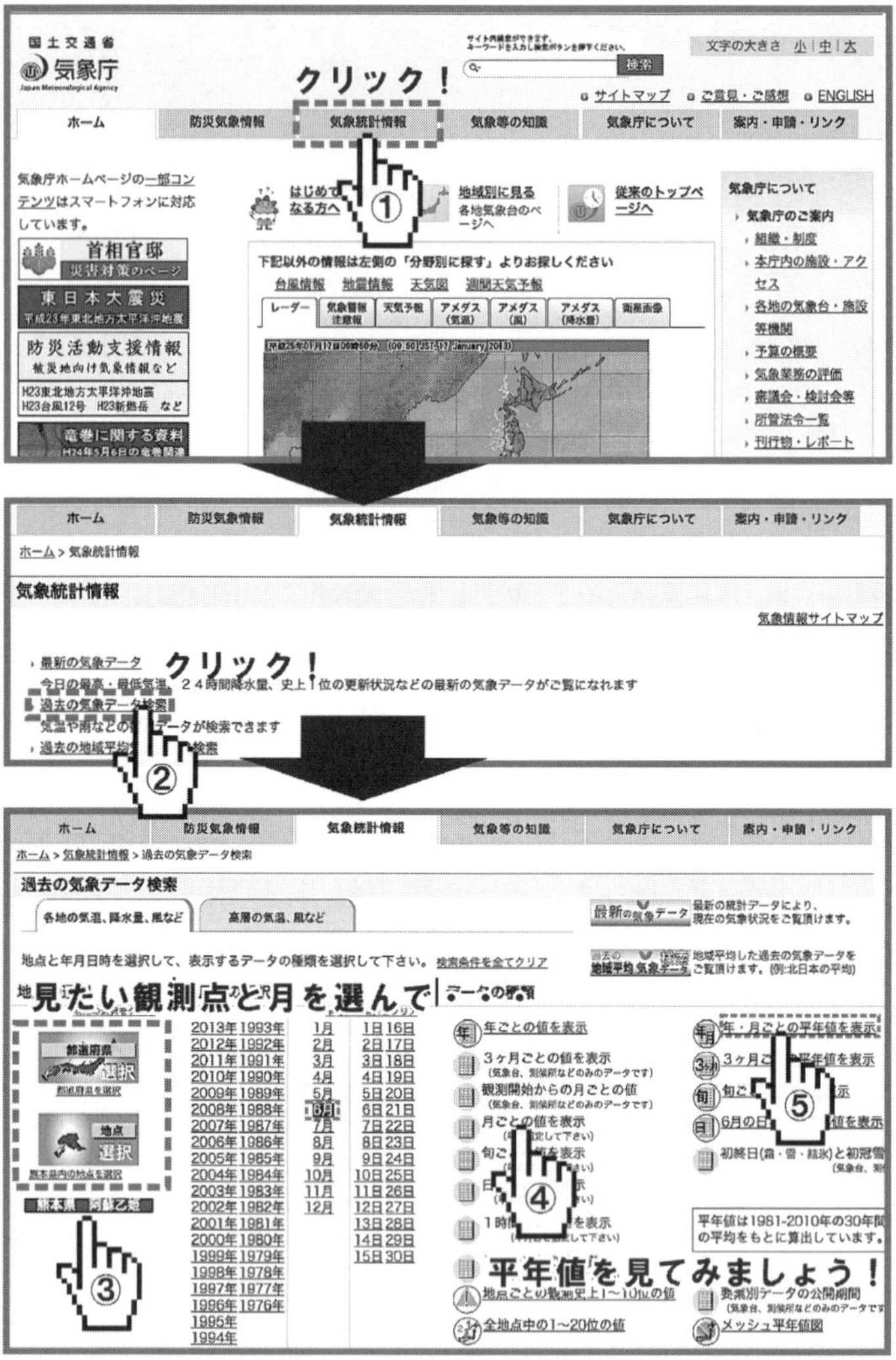

図 5.3　気象庁の公式ホームページ（http://www.data.jma.go.jp/obd/stats/etrn/）を開いて、「ホーム > 気象統計情報 > 過去の気象データ検索」とクリックしてすすんでみてください。

た、平年値（過去30年間の平均の値で、10年ごとに更新されます）だけでなく、たとえば、直近の梅雨について調べてみると、平年よりどうなのか、という視点をもつことができます。記憶の新しい年でもいいですし、とくに思い出しやすい出来事があった年をたどるのもよいと思います。

こうしていろいろな土地の平年値や特定の年の雨の量の数値を並べてみると、違いや共通点などに気づくことができますね。表5・1であげた例では、過去30年間の平年値として降った雨の総量をくらべています。私が今住んでいる横浜、実家がある新潟、平成24年7月九州北部豪雨のニュースで何度か伝えられた阿蘇市乙姫の3地点をくらべてみると、一口に梅雨といっても平年値をくらべるだけで随分大きな差がありますね。

たとえば、横浜で190・4ミリに対して、阿蘇市乙姫では579・8ミリと3倍以上になっています。平年値でこれだけ極端な違いがあると、それぞれの土地にとっての梅雨が、ずいぶんと違った現象であることがわかります。ここでの例だと、そもそも実際の土地のイメージがあまりピンとこない人もいるかもしれませんが、熊本や長崎、鹿児島など、どこか九州で気になる地点を1ヶ所調べてみてください。

こうした梅雨の雨の降り方を大ざっぱに分けると、東日本は「しとしと」型、西日本では「どしゃ降り」型となります。あるいは、比較的低温でしとしと雨が降る「陰性の梅雨」、比較的高温で大雨になりやすい「陽性の梅雨」という言葉もあり、東日本は前者、西日本は後者の傾向があるとされます。

そうした一般的にいわれていることに、皆さんが調べた土地の数値は、どの程度対応しているでしょうか？　実際には、同じ西日本でも九州の西側か東側か、本州・四国でも太平洋側と瀬戸内海周辺、日本海側など、選んだ土地が「暖かく湿った南風または南西風」に対してどういう位置にあるかということにも思いを巡らせてみてください。そうしたちょっとした地形的な位置関係によっても、その土地にとっての〝梅雨〟が少しずつ異なってきます。

こうした違いができる原因のひとつは、梅雨前線に吹き込む暖かく湿った風の地形的な流れ込みやすさや、含まれている水蒸気の量に差があるためです。一般に、西日本のほうがより多くの水蒸気を獲得した流れが梅雨前線に吹き込みやすいことは、西日本と東日本の雨の降り方の違いをもたらすひとつの大きな要因といえます。

他にも、年ごとの違いや、雨以外の気温や湿度などの数値もくらべながら、調べてみて意外だったところをみつけてみてください。疑問に感じたり、驚いたりするような点がみつかれば、それがなぜなのか、もっと調べようという動機につながると思います。

同じ梅雨でも、こうした場所やその年の条件によって、雨の降り方はずいぶん違います。この条件の差は細かくみていくと無数にあります。次節では、詳しい条件の差を専門的に追求した最先端の研究を紹介します。

コラム10　サイエンス・パフェ

サイエンス・カフェ、ってご存じですか？いろいろな科学分野での知見を専門家が一般の方向けにやさしく解説するために開催される科学コミュニケーションイベントのことです。気象学についても、日本気象学会や気象予報士の人たちが中心となって、全国のさまざまな場所で開催しています。

気象学の発展においては、プロの人たちがストイックに学び続け、専門的な難題を解決していくことも大事ですが、専門でないもっと多くの方々が楽しみ、親しむようになっていくことも本当に重要です。いくら技術が進歩して、正確な情報が提供されるようになっても、受け取る側が日ごろから親しんでいるものでなければ、それを正しく活用することはできないからです。そうした意味で、気象サイエンス・カフェなどの機会は、皆さんにもぜひ参加をオススメしたいイベントのひとつです。

とはいっても、開催される場所も回数もまだ決して多くない現状では、なかなか予定が合わせられない、遠すぎる、といった、参加が難しい事情もあると思います。

そこで……

皆さんが自分で開催してしまう、っていうのは、どうでしょうか？　何も大きな場所、たくさんの人、有名な専門家などなどがそろわなくても、ちょっとした知識を共有し、楽しむ工夫は、誰にでもできます。

たとえば、最寄りのカフェで親しい人と数人で、気になる気象の話題に触れてみるくらいならこの週末にでもできますね。ただのおしゃべりよりもちょっとだけ頭を使うから、血糖値を上げるためにパフェでも注文して、サイエンス・カフェよりもさらにラフでユルめな感じで、私は勝手に「サイエンス・パフェ」と名付けて、日常的にやっています。

できたら、ネタ本として本書を片手に、お好きな話題をつまみ食いしつつ、初めて知って驚いたことや、わかってすっきりしたことなど、彩りフルーツのようにたくさん盛り込んでしまいましょう。もちろん、本書以外にも、視覚的に写真がキレイな本やもっと本格的な本など、数人でそれぞれ持ち寄ったら、素材には困りません。たとえば、次の2冊もサイエンス・パフェ向けにオススメです。

〝視覚的興味が理解の入り口〟

『史上最強カラー図解 プロが教える気象・天気図のすべてがわかる本』岩谷忠幸（監修）ナツメ社
〝躍動感溢れる体験の共有〟

『フィールドで学ぶ気象学』土器屋由紀子、森島済（著）成山堂書店
本だけでなく、どんな情報源でもいいので、〝気に入った新しい知識を1つ選んで、2人以上の誰かにその楽しさを伝えてみる〟という機会を自らつくってみてください。知識は、本や専門家の解説からインプットするだけで

はなく、誰かに向けてアウトプットしたときにより深い理解に昇華される、ということを、皆さんも何かしらでご経験がありますよね？文字を読んでインプットしたこと、そのなかでもとくに気に入った箇所、それを誰か親しい人へアウトプットすると、気象〝学〟が気象〝楽〟に変わっていくことを、ハッキリと味わえるはずです。

小さなイベントとして数人に呼びかけてやってみるのもいいですし、自分のなかで少し意識をもって、気象の話題をとりあげたり、疑問を投げかけたりしてみるだけでもよいと思います。それくらいの軽いものなら、いつでもできます。

サイエンス・カフェよりもさらにハードルを下げた科学コミュニケーション、サイエンス・パフェ、私も近場で呼ばれたら行きます。もちろん、皆さんが近場のカフェで私が数人とパフェを食べているのを見かけたら、いつでも飛び込み参加、歓迎しますよ。

2　最先端の梅雨研究を観戦

梅雨の研究と一口にいっても、細かくいえばものすごくたくさんの課題があります。いきなりたくさんの選択肢があると、選ぶのも大変ですから、ここでは大きく2つの課題、

1. 遠い熱帯からの影響（夏季アジアモンスーン）
2. 近くにある海の影響（黒潮に沿って降る雨）

についてみてみます。どんな影響があるのか？　という課題を文章だけで疑似体験するのは難しいかもしれません。ここでは、最先端の研究をとりあげながら、どのように影響を示そうとしたか、という過程を一緒に観戦してみましょう。最先端の研究は、取り組んでいる専門家にとって、まさに〝高度な課題との真剣な戦い〟です。そのプロの取り組みを観戦しながら、皆さんにとってとくに気になる研究課題を選んだり、ほかに探したりしてみてください。

梅雨と台風をつなぐ道――モイスチャーロード

天気予報でよく耳にするお馴染みの悪天フレーズのひとつ、暖かく湿った南風。暖かく湿った南風の生まれ故郷は、日本のはるか数千キロメートル南の熱帯の海で、夏季アジアモンスーンと呼ばれるとても大きな流れのことをさしていると前述しました。熱帯は、暖かくて、水がどこよりも豊富にそろっているので、その場所でたくさんの雨雲がつくられ、同時に中緯度に向かう南風に潤いを与えています。

ですが、いつも同じ量の水蒸気を運んでいるわけではなく、風の強さも同じではありません。また、それがどれくらい長く続くかは、梅雨前線での雨の降り方にとても大きな影響を与えます。そしてこの湿り具合や風の強さの違いは、熱帯から中緯度へやってくる途中に〝何かが起こった結果〟として生じます。

たとえば、どんなことが起こると影響があるのでしょうか？　そう考えたときに、熱帯で発生した台風に注目した吉田健二さんの研究をひとつ紹介したいと思います（Yoshida and Ito, 2012）。吉田さんは、九州大学の大学院生だったときにこの課題に興味を抱き、後に気象庁に入ってから、休日を使ってこの研究の論文をまとめたそうです。休日を使ってまで打ち込んでしまったことも うなずける面白さが、この課題にはたしかにあるなあ、と論文を読んでいて私はとても感動しました。

吉田さんが注目したのは、1999年6月7日。よく見かけるような天気図で、梅雨前線が中国から日本にかけて東西に横たわり、九州の広い範囲で一日150ミリを超える雨が降りました（図5・4）。すなわち、暖かく湿った南風が流れ込み、梅雨前線の活動が活発になっていたのです。でも、さすがに一日150ミリの雨が北部でも南部でも降り続く、なんていうのは、よほど特別な条件がありそうです。

このとき、どういう条件が特別だったのでしょうか。少し南のほうに目を向けると、台風が台湾の西、中国の南岸部にあることに気づきます。一見すると、九州の大雨とは関係ないようなほど遠く離れています。ところが、台風の影響によって、東シナ海や梅雨前線に向かって「暖かく湿った南風」が普段よりもたくさん水蒸気を運ぶような状況になります。

実際に、水蒸気がどれくらい運ばれているかを示した図5・5をみてみましょう。ベクトルの長さが運ばれる水蒸気の量、影の濃さがその場に集まってくる水蒸気の量をそれぞれ表します。梅雨前線に向かう南風のなかでも、フィリピン付近から東シナ海、九州へと流れる南風は、とくに多くの水蒸気を運んでいることがわかります。その流れは、香港付近にある台風の東側をまわる流れから、台湾のあたりで分離して、そのまま北へ向かい、梅雨前線まで辿り着いています。

吉田さんが注目した台風のように、台湾に対して、その南側を南南東から北北西に抜けるよ

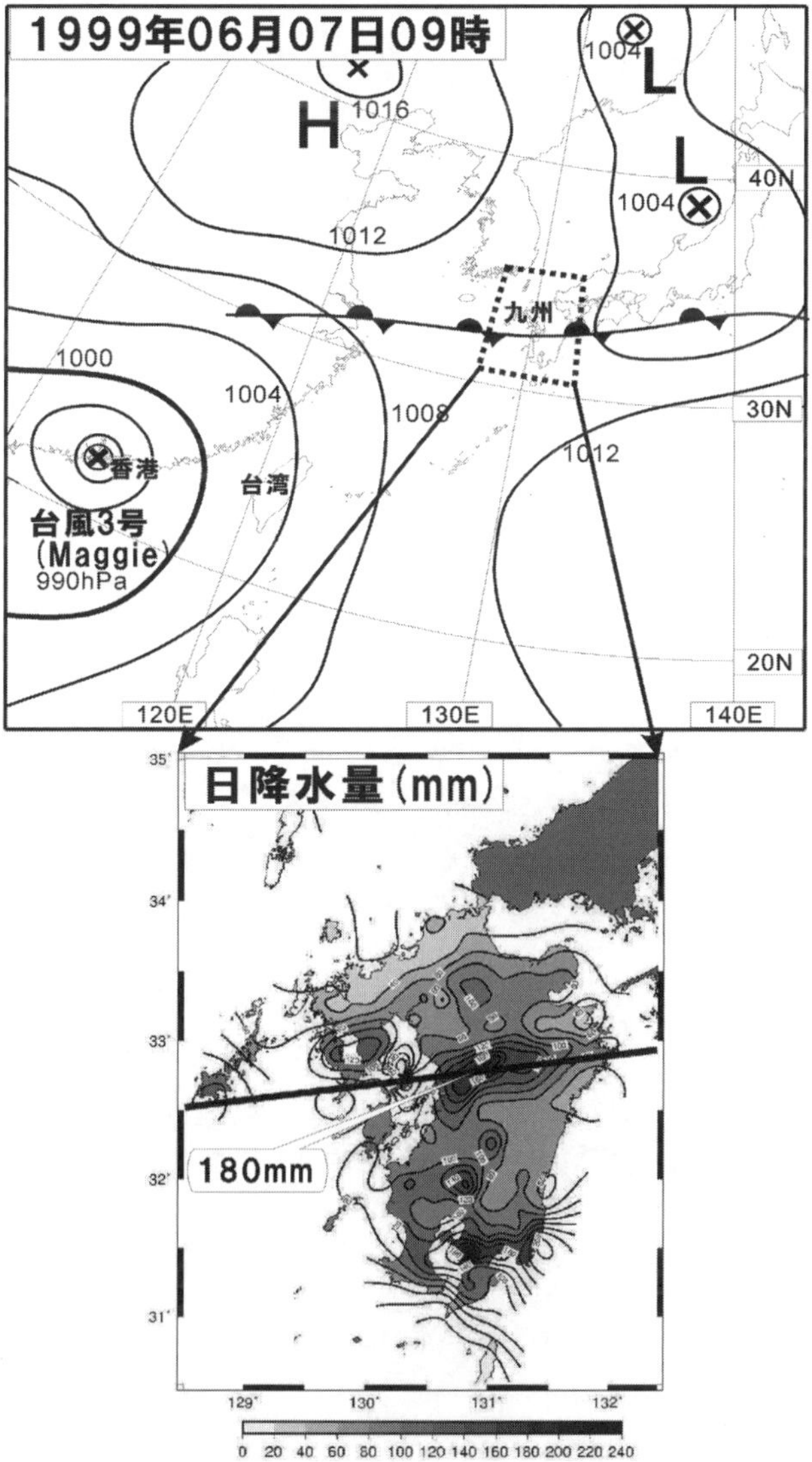

図5・4　1999年6月7日9時の天気図（上）と日降水量（下）。吉田さんが注目したのは、大雨が降った九州よりはるか南にあった台風3号でした。（吉田と伊藤、2012より著者が改変）

うな進路の台風があると、水蒸気が梅雨前線へより多く運ばれる状況になりやすいのです。吉田さんは、似たような状況がそろっているいくつかの事例で、梅雨前線の雨が強くなることに気づきました。台風が梅雨前線にどんな影響をおよぼすか、じつは詳しく調べた人がそれまでいなかったのです。そこで、1999年6月7日の事例をとくに詳しく研究しました。その結果、台風が、梅雨

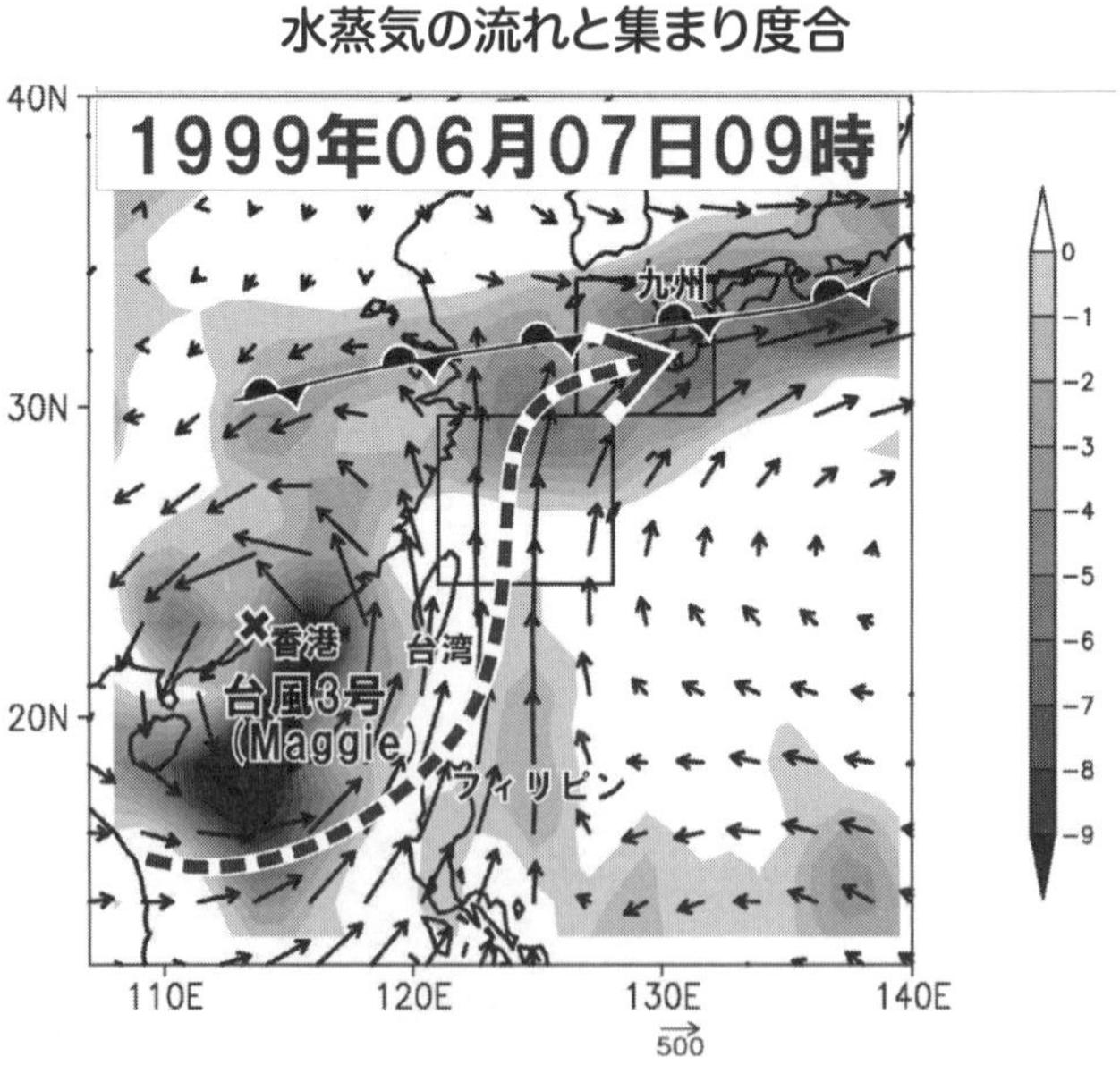

図 5.5　1999 年 6 月 7 日 9 時の気象庁大気再解析データから計算した水蒸気の流れ（流量）と集まり度合い（収束）。ベクトルの長さが運ばれる水蒸気の量、影の濃さがその場に集まってくる水蒸気の量をそれぞれ表します。どこで大雨が降りそうでしょうか？　その源は、どこから来ているように見えるでしょうか？（吉田と伊藤　2012 より著者が改変）

前線に流れ込む水蒸気の量を、より多くする効果をもつことがわかったのです。

台風がもつ効果を調べた一例として、数値シミュレーション（詳しくはコラム1）の結果を紹介しましょう。九州で観測された梅雨前線の大雨について数値シミュレーションを行ない、南側にある台風の条件を変えた場合に、その状況が、どう変化するかを調べたのが図5・6です。図5・6（a）では、九州各地で観測されたような100ミリ以上の大雨を、図5・4下段にある実際に観測された雨の分布と同じように再現しています。

吉田さんは、次に、南側にある台風の渦を仮想的に取り除いてみました。その変えた条件で、もう一度、数値シミュレーションをやってみるとどうなるのか？　その結果が、図5・6（b）です。九州の雨は、多くて数十ミリメートル程度、雨の降っている領域も明らかに狭くなっていることがわかります。

香港付近に台風が位置していると、太平洋高気圧と台風の間に、フィリピンから九州に向かって、より多くの水蒸気を運ぶ通り道ができます。なおかつ、それが普段よりも流れが速くなりやすい条件になります。ちょうど熱帯から九州に向かって、「水蒸気の流れのハイウェイ」ができあがるような感じです。吉田さんは、その水蒸気の速い流れが安定的に生じた状態を「モイスチャーロード」と呼びました。日本語にすると、「水蒸気街道」でしょうか。それが梅雨前線と交わるところでは、非常に強い雨が降ることを示しました。仮想的に台風を取り除いた数値シ

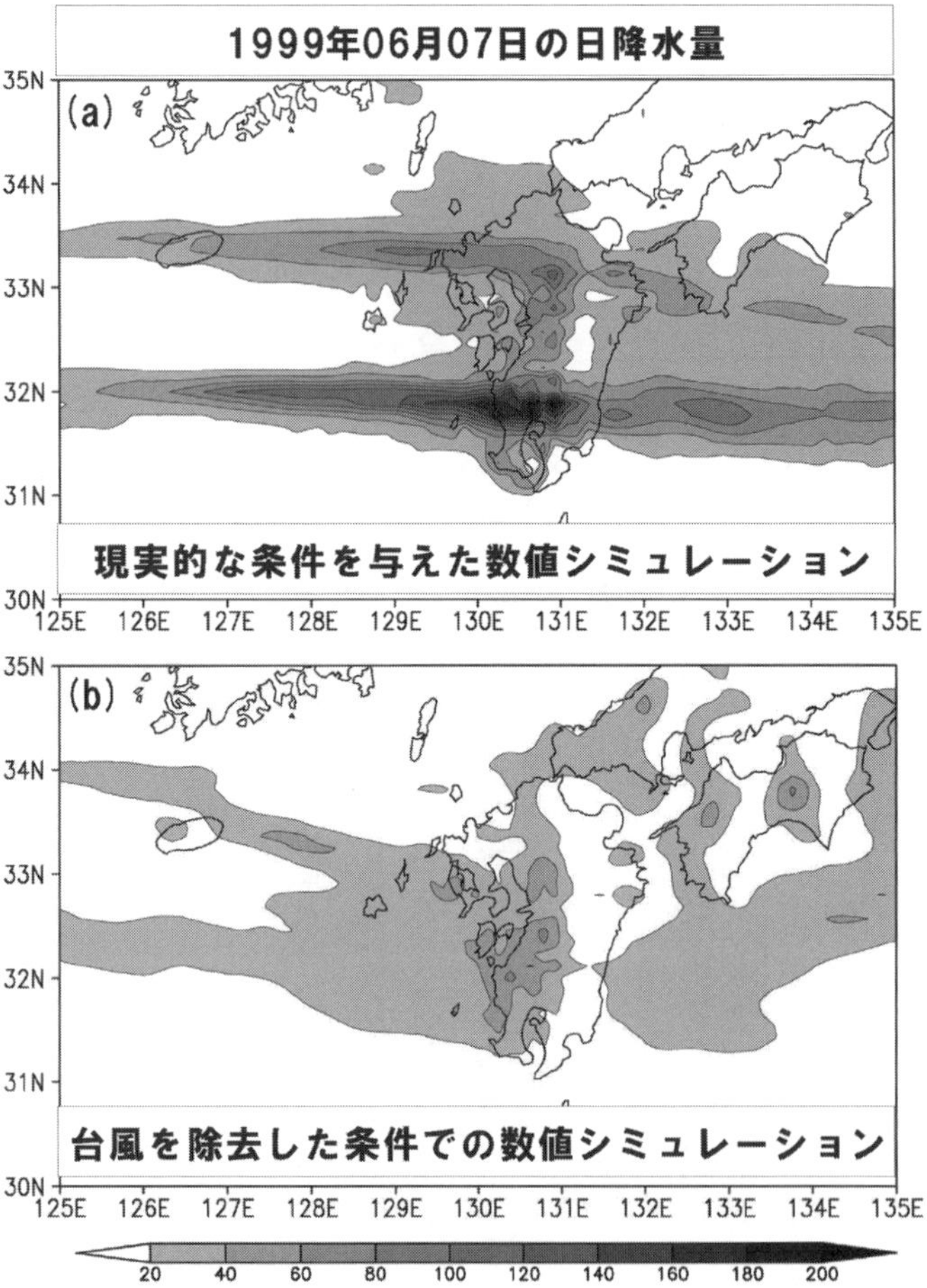

図 5.6　数値シミュレーションによる 1999 年 6 月 7 日の日降水量。(a) 現実的な条件を与えた結果、(b) 台風の渦を除去した条件で行なった結果。もしも台風 3 号がなかったら、この日の九州は、どうなっていたか、というシミュレーションです。この結果の違いは何を意味するのでしょうか？

（吉田と伊藤、2012 から著者が改変）

ミュレーションでは、大量の水蒸気を熱帯から運ぶ「モイスチャーロード」が開通しないので、雨の量が実際よりも大幅に少なくなったわけです。

台風が「南風」を強めてより多くの水蒸気を運ぶうえで果たす役割は、直接的なものと間接的なものに分けられます。

まず1つは、台風の周囲をまわるように吹く強い風が、通常よりも多くの水蒸気を熱帯から運ぶという直接的な影響。もう1つは、台風の影響で太平洋高気圧がより西側に張り出し、その西端をまわり込む南風が強まる、という間接的な影響です。これに加えて、台湾は、3000メートルを超えるとても高い山脈が連なる島なので、これもモイスチャーロードの形成に影響を与えます。

このようないくつかの効果を通じて、2000キロメートルほども遠く離れた場所にある台風が、九州に流れ込む「暖かく湿った南風」を強め、モイスチャーロードをつくり出すことによって、梅雨前線の雨雲をより強く発達させることがあります。

一方で、こうした広い範囲での条件だけで梅雨の雨のすべてが決まっているわけではありません。もっと梅雨前線の近くで、でも梅雨前線そのものとはまた別に、何か雨雲を強めたり継続させたりする条件があります。

それは……。

空と海との間に——黒潮に寄り添う不安定

ここでは、梅雨の雨の降り方に対して、とても大きな影響を与える〝海〟に焦点を当ててみましょう。日本の近海でみると、一番安定して暖かい海水温を保っているのは黒潮です。暖かい海水温の上では、より多くの水蒸気が大気に渡され、大気を不安定な状態にして雨雲ができやすくなります。

第4章でも詳しく解説したように、大気の「不安定」とは、暖かくて軽い空気が下にあり、逆に冷たくて重い空気が上にある状態です。上空に行きたがる暖かい空気が下にできると、上下方向に大気が混ざりやすい状態、つまり、不安定になってしまいます。梅雨の時期は、とくにちょっとしたきっかけで水蒸気が凝結して雨雲ができやすいほど湿っているので、黒潮の上でつねに不安定な状態が続くと、雨雲がつくられる可能性が高まります。

黒潮の雨雲に対する影響が大きいであろうことは、多くの研究者が注目してきました。しかし、〝影響がありそう〟ということを〝影響がある〟というための十分な証拠を集めるのがなかなか難しいのです。黒潮は、その幅がせいぜい100キロメートル程度しかありません。そんなに狭いところで条件がそろっていても、本当に雨雲の発達に明瞭な影響が確認できるのか、確信をもっていうのは難しいのです。

そんななかでも近年、観測的な取り組みや数値モデルを使った実験などに、多くの研究者が注目するようになりました。黒潮というとても暖かい海流が雨の降り方に与える影響は、最近とても注目されている課題です。

なぜなら、雨がいつどこでどれくらい降るのかということを、今以上に正確に予測できるようにするためには、それが避けて通れない課題のひとつだからです。雨の降り方を知るには空のことを知るだけではなく、空と海との間にある、その微妙な関係さえもきちんと理解する必要があります。

ここでは、美山透さんの研究をピックアップして、黒潮と雨の関係について一緒に調べていきましょう（Miyama et al., 2012)。美山さんが注目したのは、沖縄の少し北を流れる黒潮に沿って、同じ場所に形成され続けていた降水帯です。２０１０年5月19日から20日までのじつに20時間以上にわたって、黒潮に沿った降水帯が現れていました。

ここで不思議な点は、梅雨前線の位置は黒潮よりもだいぶ北側にあったことです。つまり、梅雨前線があったから、この降水帯が長続きした、というようなわかりやすい説明は成り立ちません。しかし、黒潮の位置に沿って20時間も同じ場所に継続してできていたということは、海から降水に対して、何かはっきりした影響がありそうです。

海の上の大気は、水蒸気を含むことのできる量が海面温度に強く影響を受けます。水は海にい

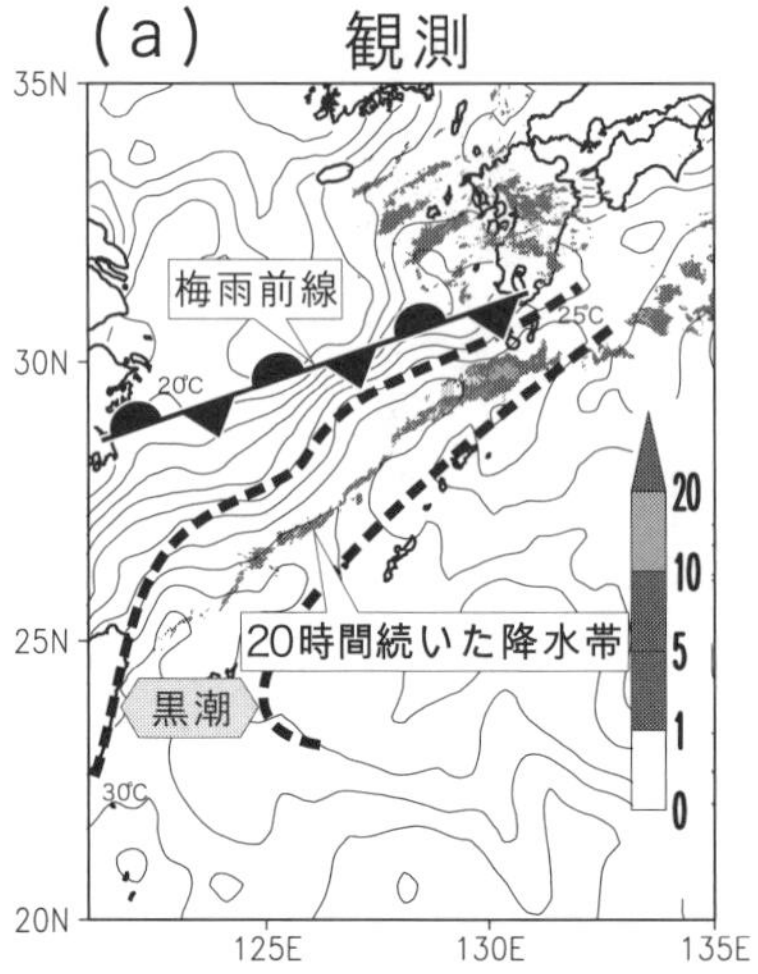

図5.7　2010年5月20日9時における(a)気象庁の気象レーダーで観測された降水帯(陰影)と海面水温(1度ごとの等値線)、(b)現実的な条件を与えた降水帯のシミュレーションの結果、(c)黒潮の領域の海面水温を意図的になだらかな分布に変えたシミュレーションの結果。もしも黒潮がなかったら、この日の降水帯はどうなっていたか、その結果が意味することは何でしょうか?(美山ほか、2012に基づいて、美山と著者が再作成)

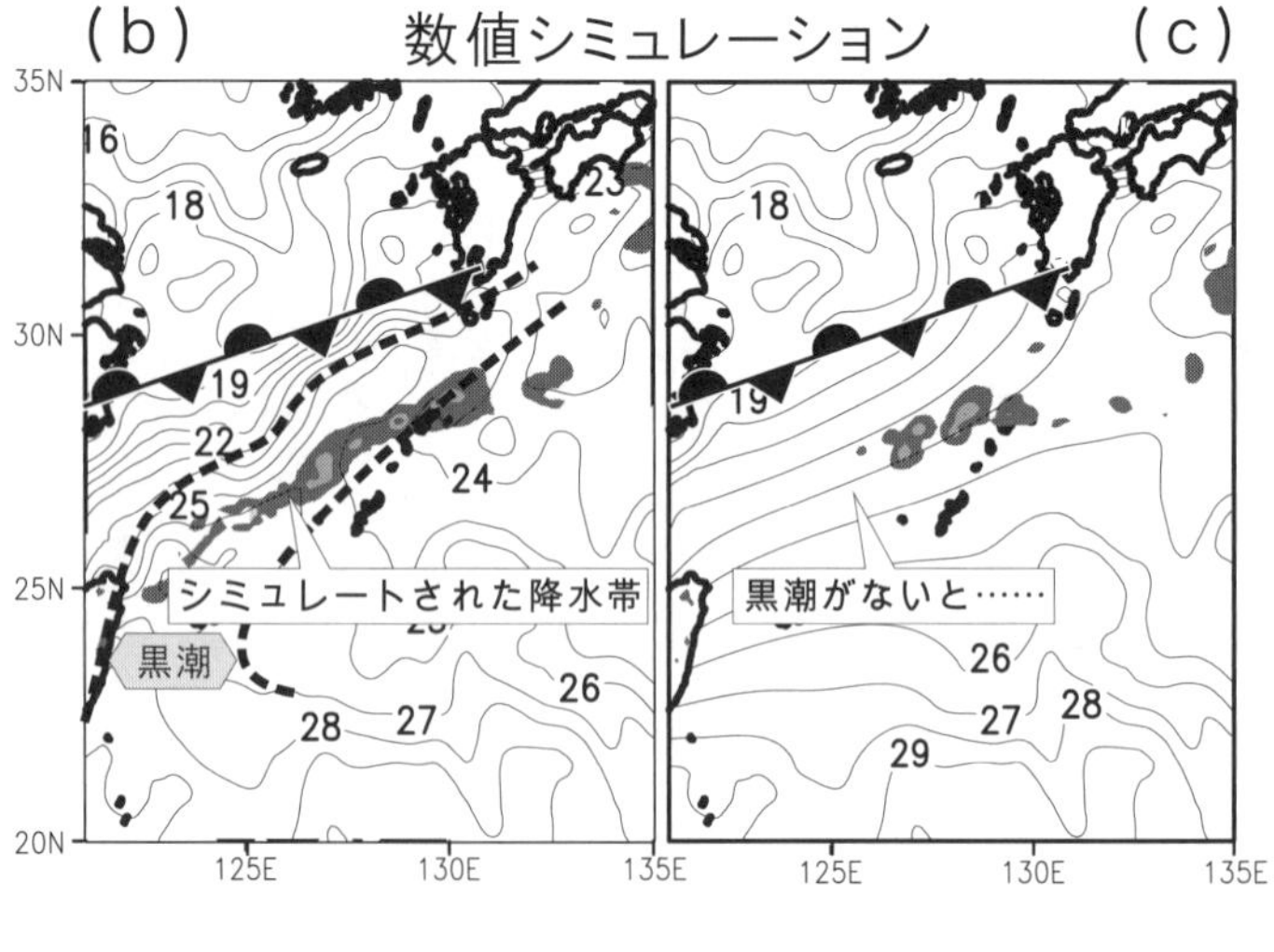

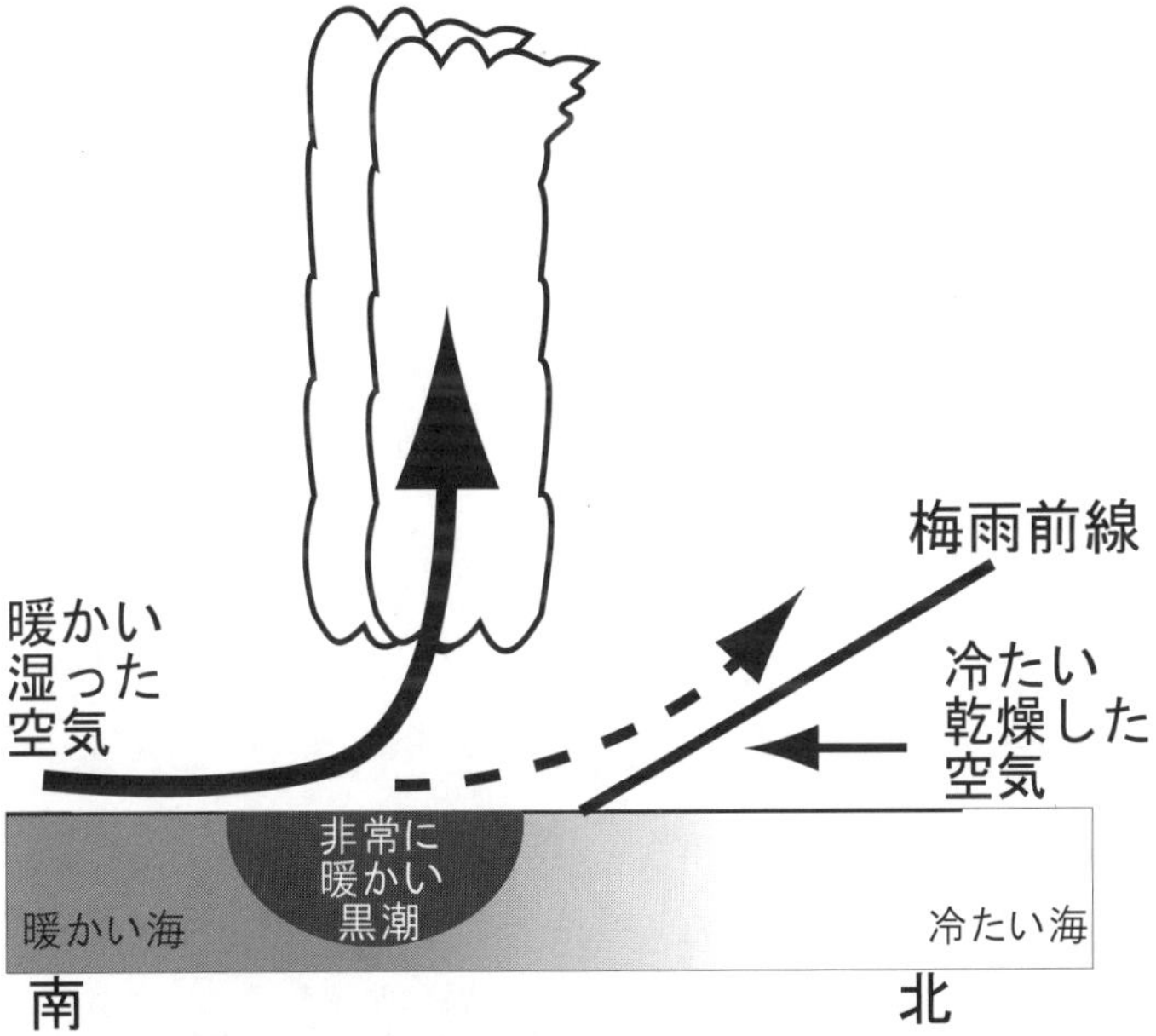

図 5.8　梅雨前線の南側であっても、黒潮の上では、大気下層が加熱されて雨雲ができやすくなります。
（美山ほか、2012 に基づいて、著者が再作成）

くらでもありますが、温度のより低い海からは大気が十分に水蒸気を受け取ることができないため、熱帯と違って中緯度の海はあまり大気に影響しないと、長い間考えられていました。しかし、黒潮は、熱帯と同じ海水温の水を中緯度へ直輸入しているような状態です。この領域に限っては、熱帯と同じように海から大気への影響が大きいはずだ、という着眼点が美山さんの研究のキモです。

そこで、降水帯が黒潮の影響を受けてできていることをどのようにして確かめればよいか、と考えてみます。美山さんも数値シミュレーションを利用して、仮想的に条件を変えてみて、結果に影響があるかどうかを確認しました。

まず、観測された降水帯を数値シミュレーションで再現できることを確認したのが、図5・7の（a）と（b）です。この再現結果に対して、もし、黒潮が重要な役割をもっているとすれば、海面水温の条件を変えたときに影響がでるはずです。そこで、黒潮の局所的に高い水温を意図的になだらかな分布にした条件で数値シミュレーションを実施すると、図5・7（c）のような結果になりました。つまり、降水帯の形成に、黒潮の局所的に高い水温はとても重要な条件であるといえます。

この数値シミュレーションの結果から、降水帯のでき方をまとめたものが、図5・8です。南からの暖かく湿った流れは、本来なら、もう少し北にある梅雨前線にぶつかって、雨雲をつくるはずでした。ところが、手前にある黒潮上では、暖かい海水温によって、大気の下から強く加熱されている状態になります。そのとても不安定な状態、つまり、「暖かい空気が上空にいきたがるので、上下方向に大気が混ざりやすい状態」が黒潮上でずっと続き、雨雲がそこでつくられ続けたのです。

美山さんの研究をはじめ、最近わかってきているのは、梅雨前線の南側でも、黒潮の影響で雨雲が持続的につくられることがあるということです。一方で、現時点でまだまだわかっていないのは、どのくらいの頻度でこうした黒潮の影響が梅雨前線の南側で起こるのか？　といったことです。また、梅雨前線そのものが黒潮の上にきたら雨が強くなるのだろうか？　という点も解決しなくてはならない課題でしょう。

でも、こうした課題をきちんと解決できるような証拠を集めるためには、もうちょっと必要なことがあるのです。

それは……。

3　未来の梅雨研究を創る作戦

最先端の研究から示された未来の課題に取り組むためには、大きく2つの方法があります。1つは気象の数値シミュレーションの技術をもっともっと発展させていくこと。もう1つは、その数値シミュレーションがうまくいくための条件を与えるような観測をすることです。数値シミュレーションの技術は、本書のなかでも随所で触れているように、梅雨に限らず、気象学全体の進歩の象徴的なものとして、たゆまず発展し続けています。

一方、後者の観測については、今よりも観測所を増やしたり、飛躍的によいデータを取ったりすることはなかなか難しいのが現状です。また、1年を通じてコンスタントに続ける観測と、「梅雨」という特定の現象にターゲットを絞って、とくに詳しいデータをとる特別観測では、考え方が大きく異なります。研究目的の観測の場合は、どの領域に増やすか？ いつの期間に増やすか？ どんな測器を増やすか？ といったことを考えます。

たとえば、図5・9のように、①地上気象観測ステーション、②高層気象ゾンデ、③気象用ドップラーレーダーといった3つの代表的な選択肢について考えてみましょう。①は、気温・湿度・風・雨を、秒単位で時間的にとても細かく測定することができます。しかし、地表付近の変化しか捉えることができません。②は、気温・湿度・風を地上からおよそ20キロメートル上空まで、高度方向に連続的に測定することができます。しかし、使い捨てのセンサーを利用するので、時間的な連続性には限界があります。気象庁をはじめ、世界中の観測点では、通常、12時間に一度、という時間間隔で実施されています。測器の準備や操作を考えると、どんなに頑張っても、30分に一度という時間間隔になります。③気象用ドップラーレーダーは、雨と風の3次元的な分布を半径50～100キロメートル程度の範囲内で捉えることができます。レーダーは、1～10分程度の時間間隔で雨と風を3次元的に観測できる強力な測器ですが、データを得られるのは雨雲の中だけという、意外と大きな制約があります。

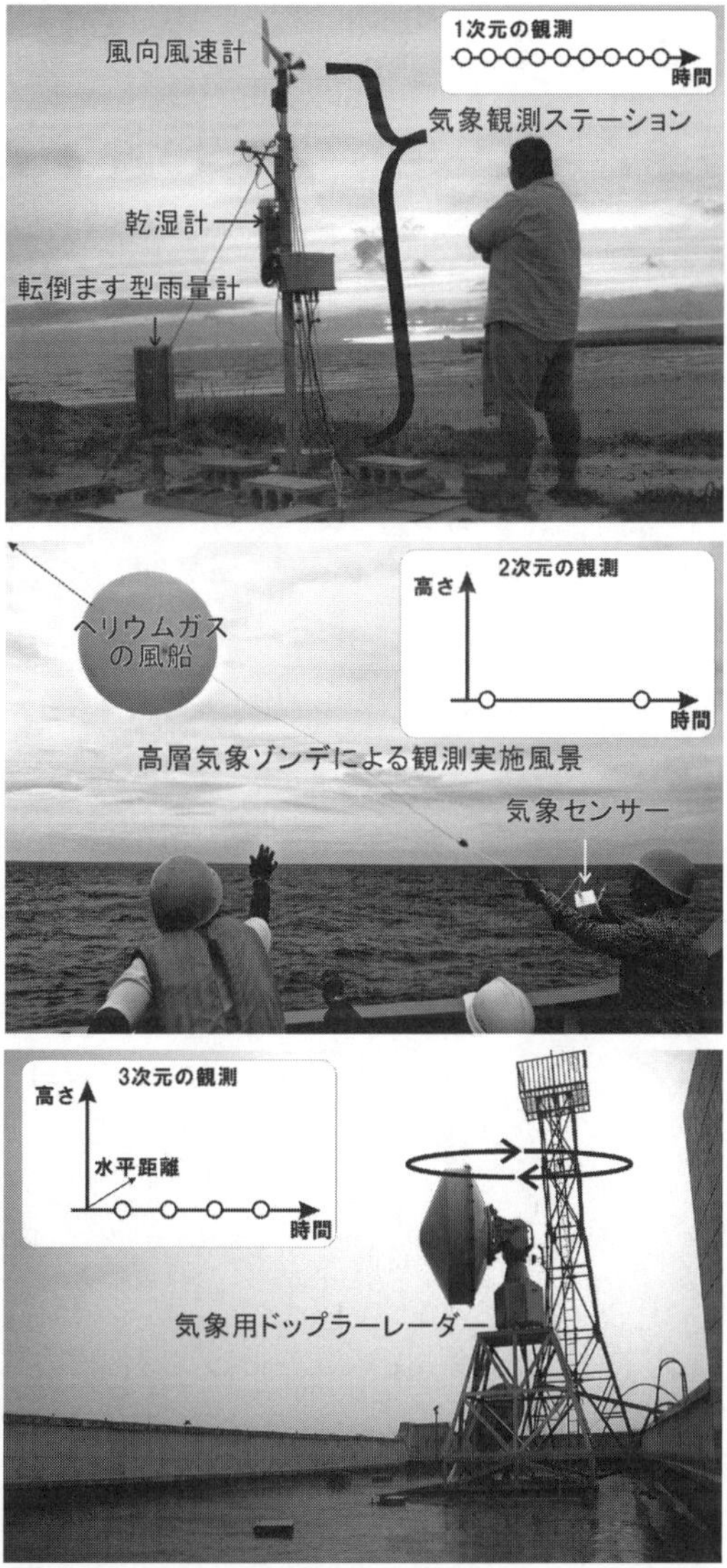

図5・9　地上に設置する気象観測ステーション（上）、高層気象ゾンデによる観測実施風景（中）、気象用ドップラーレーダー（下）。それぞれのもつ強みや特徴を生かすためには、どこでやるのがよいか、悩むことを楽しんでみてください。

こうした特徴の異なる観測方法を使って、いつどこでの観測を増やしたら、新しい証拠がみつかりそうか、考えてみましょう。そこで、観測方法をどれか選んだとして、次に、地点を増やす方法について考えてみます。1つ目は、陸上で場所をみつけて、測器のセットを新しく設置すること。測器に必要な安定した電源が得られるか、イタズラされないか、見晴らしがよく、ノイズが入りにくい、などのよい場所を探す必要があります。もし、よい場所がみつかれば、長期間続けることで、よい証拠を得られる可能性があります。

2つ目は、測器を船に積んで、観測データが欲しい場所へ能動的に出かけていく方法です。たとえば、気象観測船としては世界最大級の「みらい」は、世界中の海へ出かけていって気象観測を行なっています（図5・10上）。全長130m、体育館2つ分ほどもある「みらい」のような船だと、地上観測ステーションも、高層気象ゾンデも、レーダーも全部積みこむことができます。また、1～2か月くらいのかなり長期間にわたって、海の上に臨時の観測点を増やすことができます。船酔いしても逃げ場がないのが難点ですが、観測点を増やす方法として、船は非常に強力な手段です。

3つ目は、測器を航空機（図5・10下）に積んで、目的地へ一気に飛んでいく方法です。雲の中に直接入って行ったり、雲の上から気象ゾンデセンサーを落としたりして、もっとも能動的な観測を実現できるのが魅力です。たとえば、台風になりそうな雲の集団のま

図 5.10　海洋研究開発機構の海洋地球観測船「みらい」（上）とダイアモンドエアサービス社の観測用ジェット機ガルフストリーム 2 型（下）。どっしりと構えるか、仕留めに出向くか、ターゲットの特徴に合わせて選びましょう。

わりで、たくさんの観測データをとっておけば、数値予報の結果がよくなるかもしれません。船の場合は、特定の雨雲を狙おうとしても、ある程度偶然に遭遇できるまで待ち構える必要があります。また、船で台風の観測を実施するのはかなり危険がともないます。その点、航空機で雨雲の高さよりも上空から投下して観測する気象センサー（ドロップゾンデ）を使った観測ならば、かなり自由に観測したい場所とタイミングを選ぶことが可能です。

たとえば、吉田さんが注目した台湾の南側の台風のところへ飛行機で飛んでいき、観測データを増やせたら、数値予報の改善に役立つでしょうか？　モイスチャーロードに沿って、船で水蒸気量をより正確に観測できれば、九州で降る雨の量がより正確に予報できるでしょうか？　種子島や奄美大島、沖縄本島、石垣島といった南西諸島の各地で、地上気象観測ステーションを増やしたら、どうでしょう？　美山博士の注目した降水帯の周辺で、水蒸気の量や気温に特徴的な変化がみつかるでしょうか？　あるいは、船で黒潮周辺での水温の変化を測りに行くと、降水帯を維持する原因についての証拠がみつかるかもしれません。

一方で、もし思いついた観測が実現できたとしても、観測するだけでは、地点の数や時間的な問題などいろいろと限界があります。なので、第7章で解説するような「データ同化」という技術も、これからますます重要になってきます。観測データの確からしさと、数値シミュレーションによる情報の均一さ。その両者をうまく「同化」する技術の発展も、梅雨の研究の進展には非常に大事です。「梅雨の研究」は、これからますます「梅雨だけにとどまらない研究」へと広がり、さまざまな技術や分野の進歩がお互いに影響し合って、すすんでいくと思います。

そうした「研究」に触れて、少しでも「研究」してみたりすると、皆さんにとっての梅雨の印象は、大きく変わっていくはずです。梅雨の不快は、日本独特の季節に対する愛着にきっと変えることができます。梅雨のさまざまな不思議は、「研究」を通じて少しずつ納得していくことができます。そうすることで、梅雨に関する皆さんの知識が、本当の理解につながっていくと思います。そして、そうした自然な関心から楽しく研究している人がどんどん増えていく、それが、私なりの梅雨研究の未来予想図です。

コラム11　アメとムチ

「茂木君、鹿児島に出かけてみない？」

私が、北海道大学の気象学研究室に入った1999年の春。まだ特段の研究テーマも決まっていなかった私に、指導教官の上田博先生から、にこやかな顔で〝おでかけ〟のお誘いをいただきました。そんな魅惑的なお誘いをされて、

「はい！　行きたいです!!」

と頭で考えるよりも先に、私の口は勝手に動いていました。私が梅雨の研究をはじめたのは、上田先生にこのお誘いをいただいた瞬間からでした。先生のお誘いの趣旨は、もちろん、ただの〝おでかけ〟ではありません。梅雨前線の観測を行なうために、九州の西海岸のとある浜辺で、気象レーダーの運用を手伝わないか、という、実際にはなかなか大変な仕事だったのです。

この観測は、北海道大学だけでなく、気象庁・気象研究所を中心とした日本全国のさまざまな研究機関が、九州に観測測器を集めて、大雨をもたらす雨雲の姿を捉えようとする大がかりなプロジェクトの一環でした。私がすでに「行きたい」と答えているにもかかわらず、にこやかな顔のまま上田先生は、こう続けました。

「もし行くなら、1か月間、東シナ海の新鮮な魚介類が食べ放題ですよ」

九州のお魚が美味しいことぐらい、無知な私だって知っていました。なんて見事な〝アメ〟をぶらさげてくるんでしょうか。今思い返しても見事すぎる〝アメ〟さばきです。先生の立場からすれば、ただ魅力的な〝おでかけ〟に連れ出すだけでなく、その後、梅雨の研究をしっかり続けるところまで、私のモチベーションを維持させる必要があります。そこで一度きりで終わってしまう〝おでかけ〟ではなく、「美味しすぎてまた調べに行きたくなる＝研究をやめられなくなる」ように「もし行くなら……」の追い打ちは必要だったのです(多分)。

梅雨のことなんて、中学理科で習った知識すらおぼろげだった私ですが、こうして上田先生の巧みな〝アメ〟さばきにより、自らの研究テーマという形で向き合うことになりました。しかも、そのまったくの無知だった私がその後こうして15年も梅雨を研究し続けている、というのですから、我ながら驚きです。上田先生は、その後研究をはじめてからも、鞭を振るうことなく、徹底して秀逸な〝アメ〟さばきで私を指導し続けてくださいました。私が何か研究の進展を報告すると、それが全然大したことはなくても、先生の口癖は決まっていました。

「いいですね！」

上田先生を知っている人なら誰もが聞いたことのある少し高い声で、そして少しウキウキした感じで。どこかで、無意識のうちにあの〝アメ〟が欲しいから、もっと研究したくなってしまっていたのかもしれません。そうこうしているうちに、さすがの私も無知ではなくなっていき、今では本まで書かせていただいているんですから、わからないものです。

私の研究のきっかけだってそんなものでしたから、誰しも最初

は、「無知でもいいじゃない、雨がなんだか楽しいんだもの」くらいの気持ちでいいんじゃないかと思うようになりました。

今では、私も専門家ではない、いろいろな立場の方から、質問や推察や仮説などを聞かせてもらうことが増えてきました。そんなときには、つい自然に「いいですね！」と言ってしまいます。もちろん、明らかに間違っている場合は、その後ちゃんと説明してフォローもしますが、「興味をもって、自分なりに考え、気象〝楽〟しておられるんだな」と感じさせてくれることに、とても嬉しくなるからです。

無知だった私が上田先生からもらい続けた魔法のアメ、皆さんもたくさん口にしてみてくださいね。

引用・参考文献

Miyama Toru, Masami Nonaka, Hisashi Nakamura, and Akira Kuwano-Yoshida: A striking early-summer event of a convective rainband persistent along the warm Kuroshio in the East China Sea. Tellus A, Vol. 64, 2012

Yoshida Kenji and Hisanori Ito: Indirect Effects of Tropical Cyclones on Heavy Rainfall Events in Kyushu, Japan, During the Baiu Season. Journal of the Meteorological Society of Japan, Vol. 90, 2012

第6章

水循環の研究

ラジコンヘリから撮影した水田
での水同位体観測風景。

1　地球水循環の様子――水の一生

水収支とそのバランス

「気象とは何ですか?」とシンプルに聞かれて、目に見えやすい現象、たとえば雲の存在や雨の降り方を挙げる人も多いでしょう。どちらも水でできており、空気の一部分である水蒸気が水や氷になり、それが浮いた状態なのが雲、重力に逆らえずに落ちてきたものが雨や雪です。水蒸気のおおもとは海にあり、海から蒸発した水蒸気の一部分が陸に流され雨（降水）となり、川を伝ってまた海に戻る、そういうサイクルで水は巡っています。そういった水のサイクルの基本的な動力源は太陽光です。つまり、太陽光から受ける熱量の多い熱帯域において大量の蒸発が起き、高緯度のほうに運ばれるというサイクルです（31ページ参照）。季節変化を生み出す公転、一日の変化を生み出す自転によって、太陽光をより効率的に受ける場所が刻一刻と変化し、そこに海と陸の配置の影響が加わることで複雑な循環模様を生み出しているのです。一方、水の存在そのもの、とくに蒸発・凝結といった水の相が変化する際に放出・吸収する熱の移動が、風や気温に

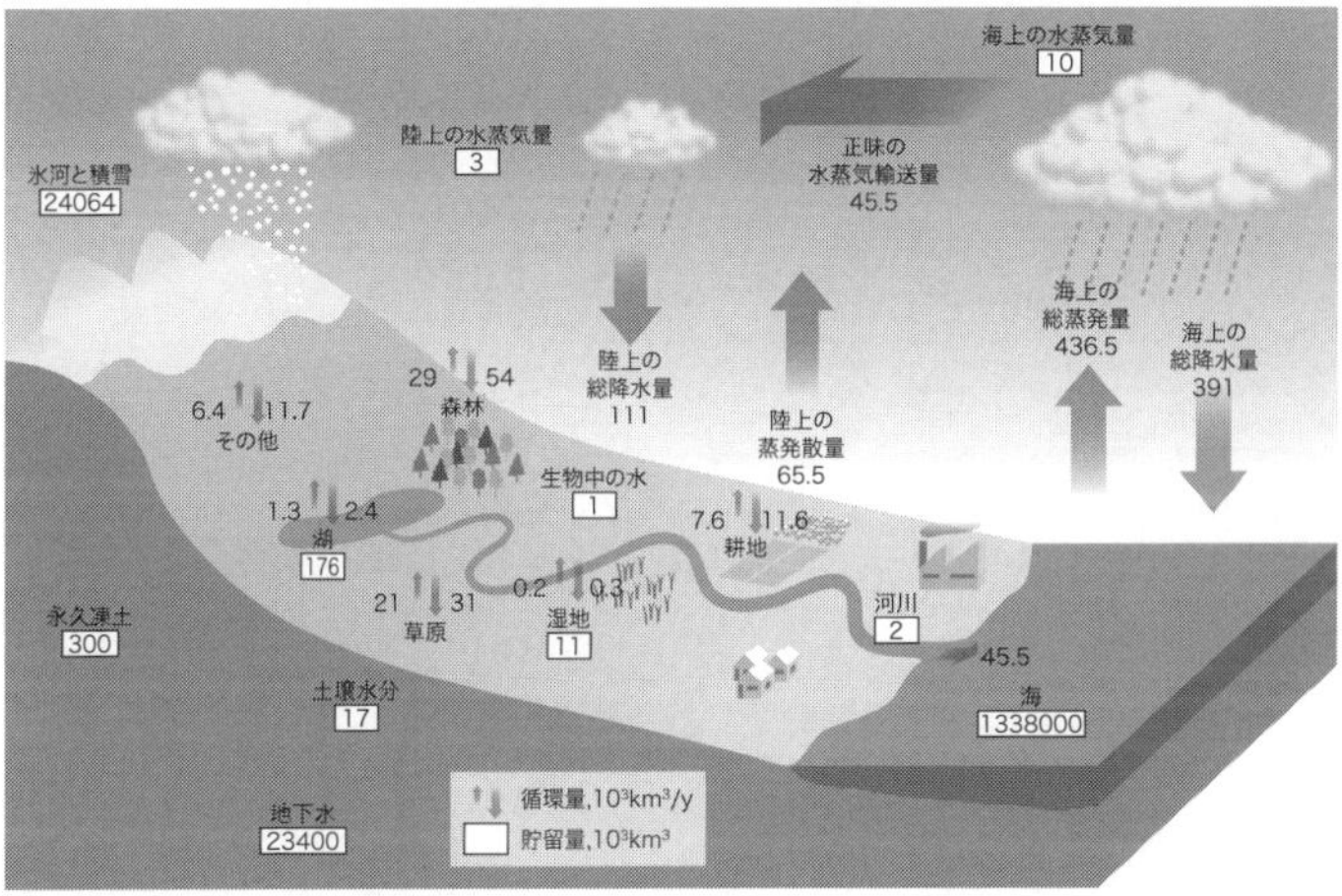

図 6.1　地球水循環の様子。Oki and Kanae（2006）を参考に作成。

大きな影響を与えます。つまり、地球上の気象において、水の巡り方、すなわち水循環は切っても切り離せない、きわめて重要な要素なのです。

ここに、「地球規模での水循環の様子」を示します（図6・1）。大気にしても海洋にしても陸上にしても、それぞれに存在する水は長期的にみて、現在の気候において量的に変化していないと考えると、そこに流れ込む水と流れ出す水の量は釣り合っているはずです。大気については、海洋・陸上からの蒸発量の合計と海洋・陸上への降水量の合計がちょうど同じになっています。陸をみますと、陸への降水は、蒸発よりも多いことがわかります。その分は、河川として海に流れることでバランスをとっているのです。逆に海洋では、降水が蒸発よりも少ないのですが、その分は河川によって補充されています。河川流出（海洋からみれば流入）と、「正味の水蒸気輸送量」の数字が一致していますが、これも偶然ではなく、大気を海洋と陸の上空の2つに分割してみると、陸上と海洋上の水蒸気量を安定させるためには、河川が陸から海洋に流れ込んでいる分、大気中では水蒸気が陸の上空に流れ込んでいるわけです。このような水の動きのことを「水収支」と呼び、それが釣り合っている状態のことを「水収支がバランスしている」といいます。

ちなみに、「現在の気候において」と書きましたが、気候が変わる際には水収支のバランスが崩れ、水蒸気や海水や氷などが増えたり減ったりします。現在も温暖化にともなって海面水準が上がっていることが観測されていますが、まさに水収支がバランスしていないことを物語っているわけです。

水の一生

もう少し数字に注目していきます。地球全体での大気中における水（水蒸気）の存在量は、海洋上で1万立方キロメートル、陸上で3000立方キロメートルですので、トータルで1・3万立方キロメートルです。同様に移動量である降水量は、海洋上で39・1万立方キロメートル／年、陸上で11・1万立方キロメートル／年とされ、トータルでは50・2万立方キロメートル／

年です。水蒸気量を降水量で割ると水蒸気としての平均的な滞留時間が算出でき、その値は約9・5日となります。つまり、10日ごとに大気中の水蒸気は丸々置き換わっているわけで、これが大気中における水の「平均寿命」です。これが海になると、圧倒的に貯留量が多く13億3800万立方キロメートルで、流入として海洋上の降水（39・1万立方キロメートル／年）と河川水（4・55万立方キロメートル／年）を足したものが蒸発量（43・6万立方キロメートル／年）として出ていくことを考えると、平均寿命は約3000年（1338000／43・6＝約3000）と算定できます。では陸ではどうでしょうか。これはだいぶ複雑になります。というのも、河川水や湖をはじめ、雪・地下水・凍土などといったものに分かれており、これらのなかでも明らかに流動するものとしないものがあるため、平均的な値が意味をもたないからです。河川の水に限ってみると、貯留量0・2万立方キロメートルに対して流入が4・55万立方キロメートル／年ですから、約16日で丸々置き換わっているということになります。大気中での寿命とスケールが似ています。大気と陸（川）で短い時間を過ごし、あとは海で過ごすというのが水の一生です。

地球水循環には、まだわかっていないことがたくさん

2010年に「19世紀から、海洋の平均厚さは徐々に減少している」という研究報告が『Oceanography』という有名な科学雑誌に掲載されました（Charette and Smith, 2010）。温

暖化で海面が上昇しているという話とまるっきり逆です。本当なら世界的な大騒ぎになってもおかしくないはずですが、とくに騒ぎは起きませんでした。なぜでしょうか？　タネを明かすと、100年以上前に見積もられた海洋全体の水の量が、人工衛星からの重力測定などの最新技術を用いた推定より1パーセントほど過大だったのです。技術が進歩することで、海洋全体の水の量の値も現在の値に近づいてきたということでした。なーんだ、昔の人が多めに見積もっていただけか、という話かというと、それだけではありません。直前の見積もりは約30年前、そのあとは更新されることなくみんなその値を使っていたのです。また、100年前の技術で1パーセントの誤差というのは驚くべきことですが、ご存じのとおり大きな海洋ですから、1パーセントだけでも大気中の水蒸気の約千倍にも相当します。つまり、地球水循環というのは、現在においても精密な値までわかっているわけではない、ということは押さえておくべきです。

他にもごく最近の研究で、近年の海面水準の上昇の要因のひとつとして、地下水くみ上げが指摘されています（Pokhrel et al., 2012）。人間による地下水くみ上げとは、大きな視点でみると、これまで長い時間をかけてゆっくりと蓄積してきた地下水を急激に地上にもってくることに相当し、結果的にそれらの水の多くは海洋に流出します。20世紀後半に観測された平均海面水準上昇速度は約1・8ミリメートル／年ですが、それを要因別に分けると、水温上昇による密度上昇（熱膨張）によるかさ上げが約25パーセント、氷床・氷河・凍土の融解によるものが約35パーセントとなっており、残りの約40パーセントがその他の要因としてわかっていませんでした。そこでこの研究では、水を一番使用する人間の活動、すなわち農地への灌漑《かんがい》とそれに必要なダム操作、地下水のくみ上げをモデル化し、陸上での水の動きを人間活動込みでシミュレートしました。それによって求めた地下水くみ上げ量からダム貯水池に蓄積された水量を除いたものがちょうどそのくらいの値であることがわかりました。地下水くみ上げとは反対に、地上に貯水が増加すると、結果的にその分海洋の水が減少することになります。この結果については、まだ議論の余地があり、全面的に受け入れられたわけではありませんが、海面水準上昇要因のミッシングリンクを埋める要素が、人間による直接の水循環改変によるものだったかもしれないという報告は、水循環分野の研究者たちにかなりのインパクトを与えました。

このように水の存在量や移動量の値が不確実なのはなぜなのでしょうか。簡単にいうと、正確に観測することがきわめて難しいからです。雨を測ることひとつをとってもそうなので、水蒸気・雲・地下水・河川水・森林の葉っぱにのっている水などにいたっては、もっと難しいのが現状です。大体の場合、30年前の海洋のように少しの観測データと、あとは大ざっぱな推定値が使われていることが多いのです。意外にもすっかりわかっているわけではない水循環。次節以降では、そのような水循環に対して、別の方向からスポットライトを当てて、より理解しようという取り組みを紹介したいと思います。

2　森林伐採と水循環——雨はどこからやってくるのか?

全球エネルギー・水循環観測計画

1988年より、各国の気象庁の中央機関である世界気象機関（WMO）傘下の世界気候研究プログラム（WCRP）によって、全球エネルギー・水循環観測計画（GEWEX）がはじまりました。この計画は2013年現在も存続しています。GEWEXは、アフリカ・アジア・ヨーロッパ・南北アメリカ・オセアニアといった地球上のいろいろな場所で水とエネルギーの時空間変動を観測することで、地球規模の、また地域的な水循環とエネルギー循環のしくみを理解しようという試みです。アジア域におけるGEWEXの実施は、日本の安成哲三教授の呼びかけによってはじまり、GEWEXアジアモンスーン計画（GEWEX Asia Monsoon Experiment、略してGAME）と名づけられました。対象とする領域が広いため、GAME-Tropics（東南アジア熱帯域）、GAME-Tibet（チベット）、GAME-HUBEX（中国淮河流域）、GAME-Siberia（シベリア）の大きく4つに分割され、とくに1990年代に盛んに

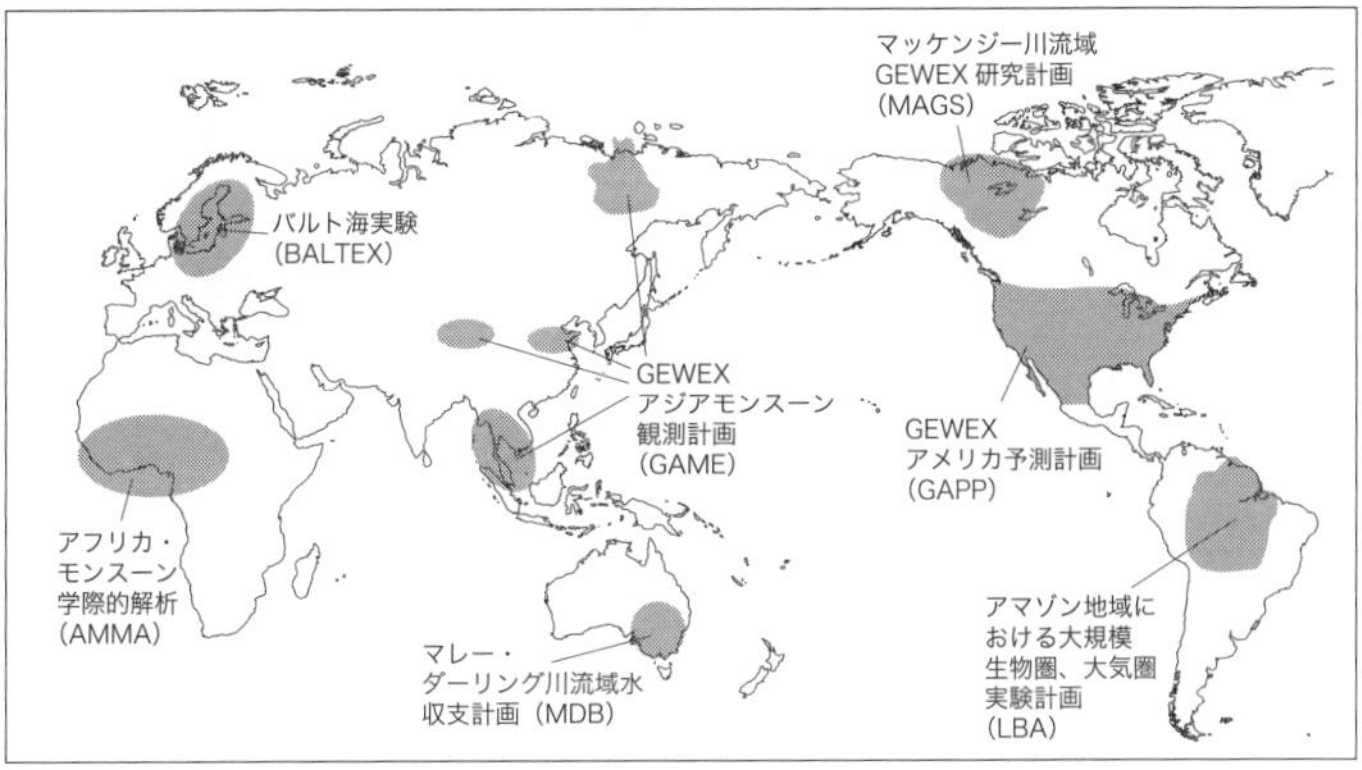

図 6.2　2000 年ごろの全球エネルギー・水循環観測計画（GEWEX）における研究対象領域。アジア域には GEWEX アジアモンスーン計画（GAME）が展開されました。

研究が行なわれました（図6・2）。

タイの降水量が減少傾向

鼎《かなえ》信次郎博士は、GAME-Tropicsの研究活動の一環として、タイの20世紀後半の降水量データを集めているうちに面白いことに気づきました。タイでは、第5章でも説明しているアジアモンスーンの活動により、はっきりとした雨季と乾季があります。そんな雨季の降水量を調べると、雨季終了時期にあたる9月にのみ明らかに降水量が減少傾向にあることがわかりました（Kanae et al., 2001）。鼎博士は、その原因が、森林伐採にあるのではないかという仮説をたてました。

そこで行なったのは、数値シミュレーションです（詳しくはコラム1）。領域気候モデルを使い、タイの中心部に森林がある場合とない場合についてそれぞれシミュレーションし、その差をみることで、森林のあるなしによる降水量への影響を調べました。すると、森林伐採のケースにおいて、9月の降水量のみが減少している結果が得られたのです。すでに見てきたように、陸からの蒸発量は地球水循環の大事なパーツなのですが、そのなかで植物は蒸散活動によって、根っこから吸い上げた水を水蒸気として大気に返します。そうして大気に戻ってきた水蒸気は、いつかは凝結し、降水として陸や海に戻ってきます。森林がなくなるとその分、正確には葉っぱの総面積が少なくなる分、蒸散量が下がります。つまり、インドシナ半島中心部における9月の降水には、森林からの水蒸気供給が重要であることが明らかとなったのです。

ところでなぜ9月なのでしょう。モデルシミュレーションでも8月には変化がなく、9月のみとなっています。この疑問への答えは意外な研究から明らかになっていきます。順を追ってお話ししますので、しばしお付き合いください。

3　水の同位体——重い水・軽い水

重い水・軽い水

皆さんは、「重い水」「軽い水」の存在をご存じでしょうか？　同じ元素でも質量の違うものを同位体といいます。水素原子・酸素原子の重い安定同位体である^{2}H（Dと書いてデューテリウムと呼び、今後本書でもそう記します）と^{18}Oが多く含まれている水を「重い」、逆にあまり含まれていない水を「軽い」と表現します。正しくは、水素（酸素）安定同位体比と呼びます。ただし、もともとDや^{18}Oの存在量はHや^{16}Oに比べてきわめて少ないため、重い水と軽い水で明らかに重量や水質が変化することはありません。陽イオンの含有率で示される「水の硬さ」では、実際に水の味わいや石鹸の泡立ちやすさが異なってくることと対照的ですね。

では、水の安定同位体比は何に役立つのでしょうか。簡単にいうと、まず、地球上に存在するあらゆる水にかならずついた目印のようなものとして利用できます（図6・3）。水はエイチツーオー（H_2O）と表現されるとおり、水素原子2つと酸素原子1つからできていますが、2つ

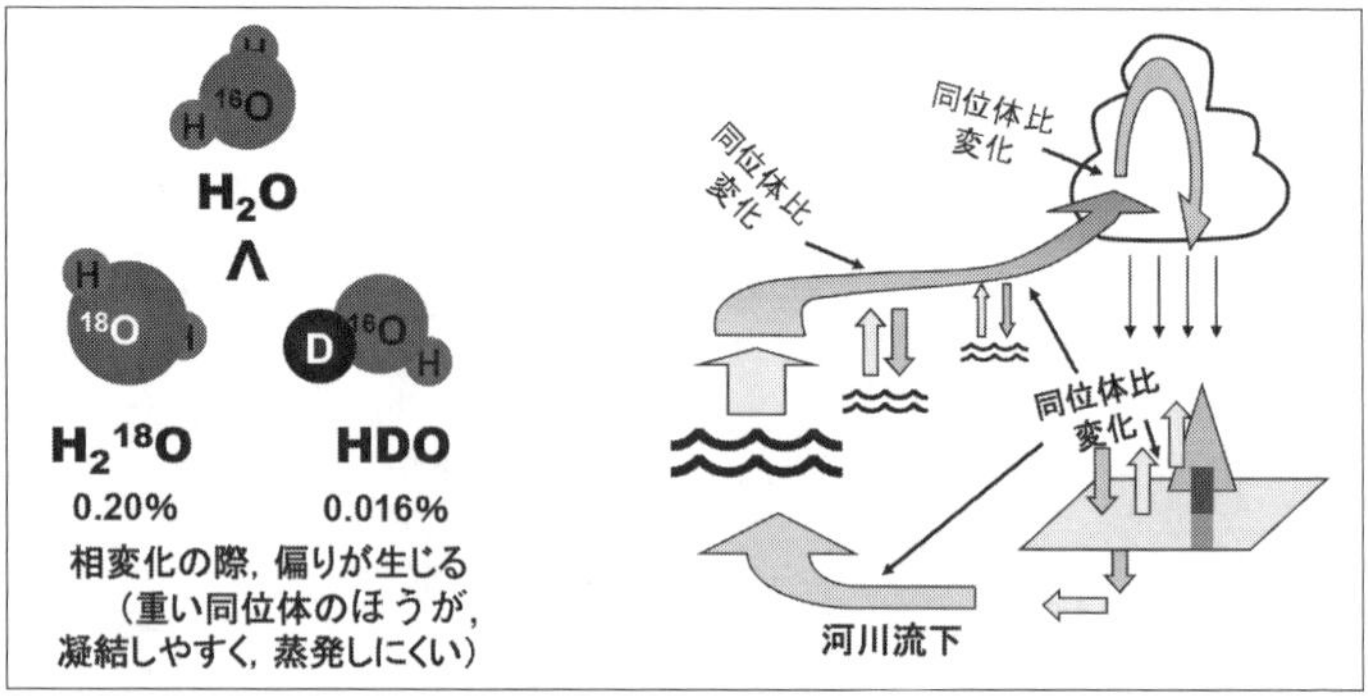

図 6.3　水の安定同位体比と地球水循環研究とのかかわりについての模式図。右の図のように水は地球上を循環していますが、その道すがら、さまざまな要因によって生じる水の相変化によって同位体比が変化します。つまり、とある時間、とある場所の水の同位体比には、その水がこれまで受けてきた相変化をともなう挙動を積み重ねた情報が記録されているのです。

のHのうち1つがDに変わったHDO、またはOが重い^{18}Oに変わった$H_2{}^{18}O$が非常に小さな割合ですがかならず混入しています。その混入程度（すなわち同位体比）を測ることによって、一見同じような水を区別することができるわけです。同位体比が地球上でほぼ均一なら目印としては使えないのですが、実際には大きな時空間的な分布をもって存在しています。なぜ地域や時間によって同位体比が異なるのかというと、$H_2{}^{16}O$（大部分の水分子）とHDOや$H_2{}^{18}O$（「重い」水分子）とでは相変化にかかるエネルギーが異なることにより、凝結や蒸発・昇華を経た水の同位体比が変化するためです。具体的には、水蒸気に凝結が起こる際は、液体や固体の水に重い水分子が、水蒸気に比べてより多く含まれるようになります。液体の水が蒸発する場合は逆に、水蒸気に含まれる重い水分子の割合は液体に比べて少なくなります。この現象は同位体分別と呼ばれています。HDOや$H_2{}^{18}O$のほうが$H_2{}^{16}O$に比べて「重い」ので、水蒸気から雨に落ちてきやすいとイメージすれば覚えやすいでしょうか。

大気中の水循環過程は、大まかには海や陸の水→（蒸発）→水蒸気→（凝結）→雲→降水→海や陸の水というような相変化をともなう輸送によって成り立っていますので、大気活動にまつわる水（たとえば雨・雪や大気中の水蒸気など）の同位体比は、大きな変動幅をもちます。そのような特徴をもつ水の目印、安定同位体比を用いて、さまざまな時空間スケールでの地球水循環を詳しく解明することが可能となります。

雨の同位体比の空間分布と時間変動

それでは、実際に降水の同位体比はどのような分布をもっているのでしょうか。1960年代から、国際原子力機関（IAEA）とWMOが先導して、さまざまな場所で降水を採取し、その安定同位体比を測定しました。その結果、年平均値では、低緯度から高緯度に向けて同位体比が低下して（軽くなって）いることがわかりました。このことは、大まかには、大気中の水蒸気の動きと先ほど説明した「同位体分別」のしくみで簡単に説明できます。どういうことかというと、地球を南北だけで眺めると、低緯度の地域で太陽からの豊富な放射によって暖められた水

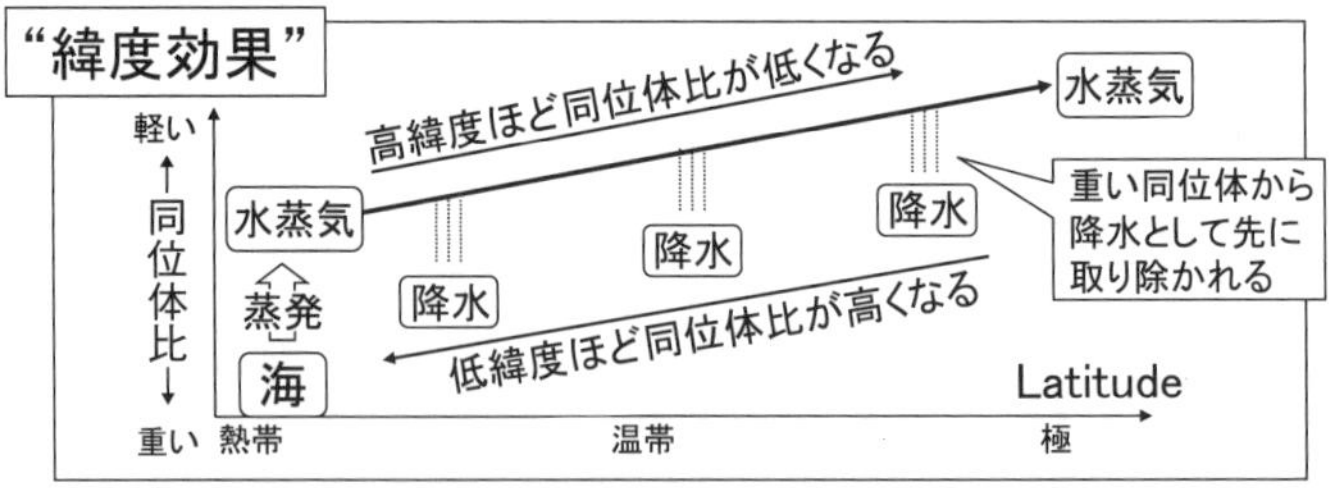

図 6.4　降水同位体比に緯度による変化傾向ができるしくみ。

が蒸発して水蒸気が発生し、その水蒸気は、高緯度側へ輸送されていきます。その際、高緯度側で気温が徐々に低下することにより飽和水蒸気圧も下がり、一部が凝結して降水として落下していきます。そうすると、同位体分別によって、重い水が降水により多く含まれることになります。水蒸気側には軽い水が残るようになり、それがさらに高緯度に運ばれると、さらに気温が下がって一部が凝結する、というサイクルが連続的に起こります。したがって、気温のより低い高緯度ほど降水の同位体比は低くなる（軽くなる）わけです（図6・4）。同様な現象は、高度の低いところと高いところでも見られます。

　これで、地球上の降水同位体比の空間分布のしくみは大体わかりました。しかし、実際に自分で毎日の降水の同位体比を測ってみると不思議なことがわかります。たとえばGAME-Tropicsの活動の一環として測ったタイの3都市（バンコク、スコータイ、チェンマイ）での降水同位体比をみると、毎日の雨の同位体比は大きな振れ幅で変化していました（図6・5）。やや涼しい日に同位体比が低

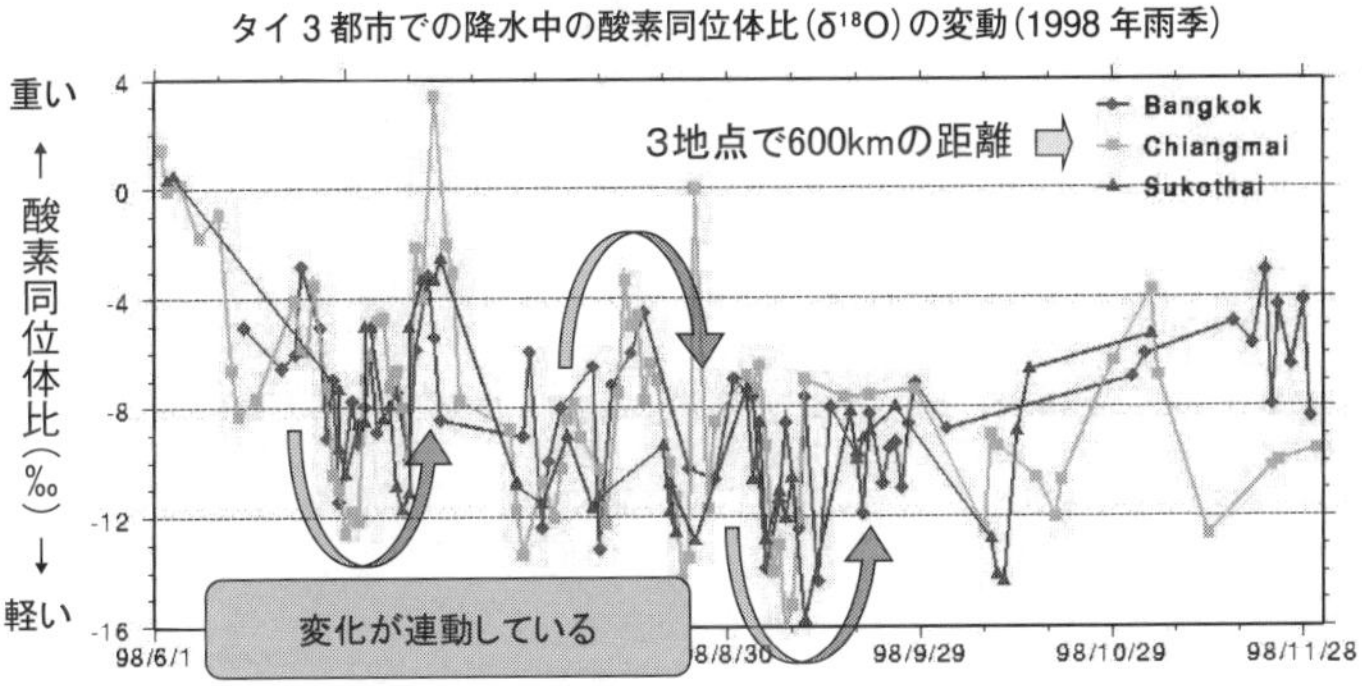

図6.5　タイでの降水同位体比の観測データ（東京大学生産技術研究所提供）。1998年6月から11月にバンコク、スコータイ、チェンマイの3都市で採取した雨の同位体比の時間変化を示しています。

くなる、なんていうことはほとんどなく、好き勝手に変化しているようなのです。ただし、チェンマイからバンコクまで600キロメートルも離れているのに、連動した変化がみられるようでした。どうしてこのような変化が起こるのでしょうか。

ある日、著者は大気中の風速や気温、湿度などの観測データをながめながら、同位体分別のことを考えていました。先ほど、低緯度から高緯度に輸送されていくときに凝結が徐々に起こるという大ざっぱな説明をしましたが、実際の水蒸気は低緯度から高緯度にだけ動いているわけではありません。東西方向はもちろん、場合によっては高緯度から低緯度にも動きます。毎日の降水同位体比の大きな変動は、そういう毎日の水蒸気の輸送経路の違いを表しているのではないか、というアイディアが浮かびました。そこで、数値モデルの開発を試みました。

水同位体版数値モデルの開発

著者は、水蒸気の水平方向の輸送と同位体分別を組み合わせたモデルを開発しました（図6・6）。大気を東西1度・南北1度・鉛直1層の箱に分割し、その箱には、ある同位体比をもった水蒸気が入っていると仮定します。箱の中の水蒸気は、風速に応じて、東西方向・南北方向に自由に流れていきます（隣り合う箱に入っていきます）。箱の下には、海や陸から蒸発した水蒸気が供給されます。そして、箱の中の水蒸気は凝結して雨が降ります。その際に先だって説明した同位体分別が起きるとしました。観測データから、東西方向・南北方向に流れる

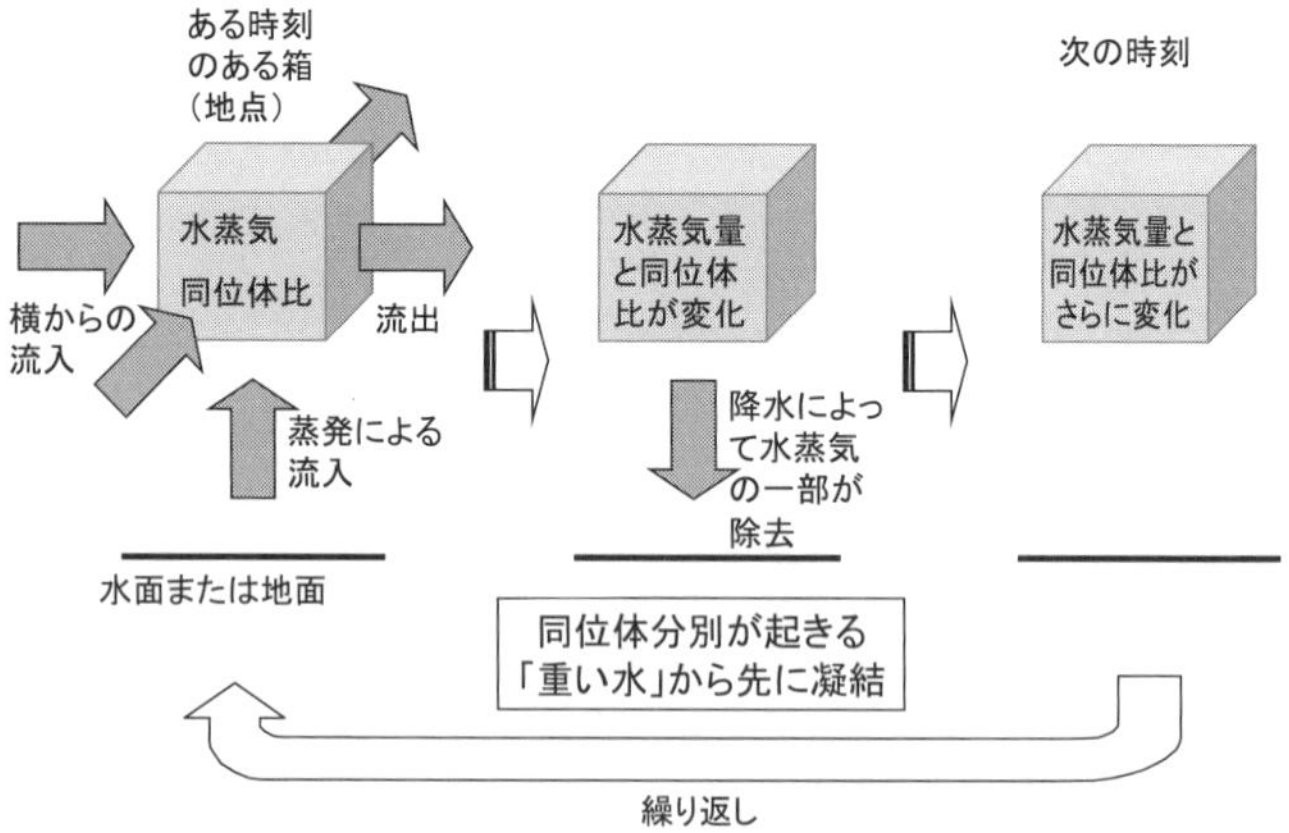

図6.6　水平2次元水同位体循環モデルの模式図。1つの箱のみが描かれていますが、実際には多数の箱が東西南北につながって地球全体をおおっています。

水蒸気量、海や陸からの蒸発量、降水量は得られますので、それらを用いれば、刻一刻と変化する水蒸気と降水の同位体比が世界のあらゆる場所で計算できます。やってみると、そのモデルは、タイの3地点での降水同位体比の変動をじつに見事に再現することがわかったのです。

結局ふたを開けてみると、何のことはない、空間分布のときの大ざっぱな説明は、じつはもっと細かいスケールでも正しかった、というわけです。そういった細かいスケールでは気温が下がって降水が起きるのではなく、水蒸気量が飽和水蒸気量を超えて多く流入してきた際に降水が起きます。よって気温と降水同位体比は、長期平均的にみると、気温によって飽和水蒸気量が決まっていることから、結果的に気温と降水同位体比がよく相関するようになる、というしくみのようでした（Yoshimura et al., 2003）。

雨に色をつける⁉

読者のなかには、「それがどうしたんだ？」と思われる方もいるかもしれません。ごもっともな指摘です。じつは、観測とシミュレーションの雨の同位体比がよく一致するということは、モデルのなかで日々の水蒸気の運ばれ方が精度よくシミュレートされているということなのです。思い出してください。水の同位体比は相変化が起きた際に変化します。あるときある場所での降水の同位体比とは、降水をもたらした水蒸気塊が到達するまでにどのくらい雨を降らせてきたの

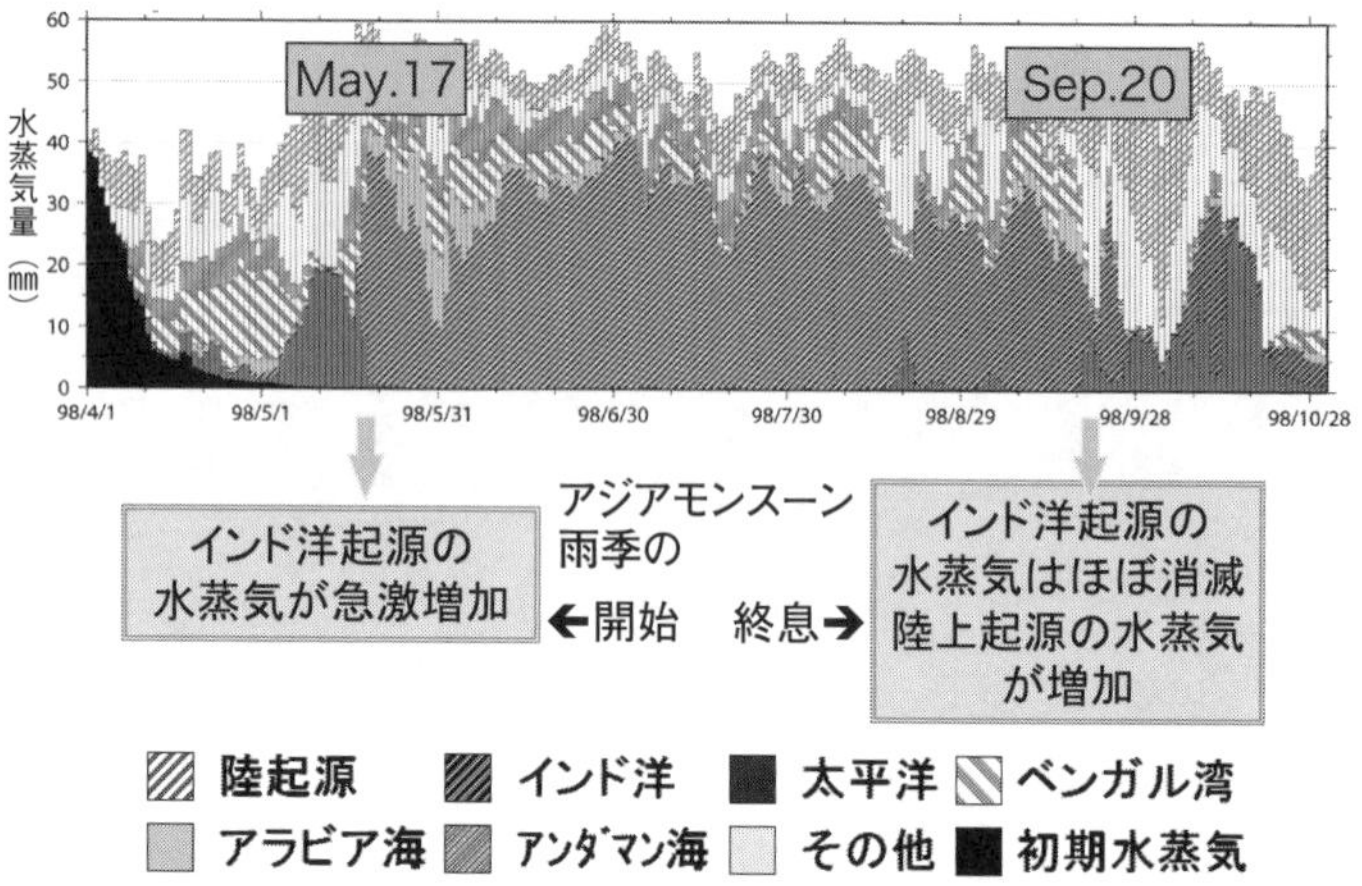

図 6.7　タイ・バンコク上空の水蒸気の起源の日単位の時系列変化。

かということを示す指標なのです。

シミュレーションでは、実際には測定不可能な要素までも表現することが可能です。そこで、同位体のモデルと同じやり方で、今度は陸起源の水、太平洋起源の水、インド洋起源の水という具合に、蒸発した場所ごとに水を区別してそれぞれの水のゆくえを追うというシミュレーションを行なってみました。このようなシミュレーションは、出身地ごとに水を色分けするようなイメージなので、色水解析と呼ばれています。現実の雨には色はついていませんが、同位体比が人の目には見えない色のような役割をして、色水解析の信頼性をはかってくれるわけです。

色水解析により、タイ・バンコク上空の水蒸気の起源別内訳は図６・７のようになりました

（Yoshimura et al., 2004より）。アジアモンスーンの雨季が始まる5月の中ごろに太平洋起源からインド洋起源にがらっと変わるのです。これは、まさにモンスーンによる風向きの変化を表しています。このようなインド洋起源の水蒸気は、南西モンスーンの風によってタイに運ばれ続けますが、この地方の雨季の終わりのほうである9月になると、陸上起源の水蒸気の割合が多くなるのです。

このことが、前節において「なぜ森林伐採によって9月の降水量だけが減少したのか」という疑問への答えになります。すなわち、9月は陸上起源の水が降水に含まれる割合が別の月よりも多いのです。そのため森林伐採によって陸上起源の水の量が減少すると、その分降水量も減ってしまうわけです。8月以前は同じ雨季でも海洋起源の水の割合が多く、森林伐採の直接的な影響は小さかったのです。

コラム12　わかってみれば当たり前なことも立派な研究

研究活動で面白いのは、「よく考えてみれば当たり前」ということが意外にも盲点として解明されずに残っていることです。図6・5のような例では、水の同位体の研究で先行する人たちは、「毎日の降水同位体比が好き勝手に変動するのは、雲内のさまざまな状態の雲の粒が複雑に運動し、生成・消滅する過程によるもの」と考えていました。その複雑な過程がよくわからないことには、その結果である地上での降水がうまく再現できないのは当たり前、ましてや同位体比なんて、という立場です。実際に水蒸気の凝結過程というのはきわめて複雑で、現在でも将来の気候変動がうまく予測できない原因の本命中の本命です。ですが気象素人の著者は、鉛直一層の箱の中の水蒸気から地表で捕捉された分の降水を抜く、という、ある意味プロからみたら突拍子もないことをやったのです。「どうせわからないならテキトーでいいや」というくらいの気持ちでしたが、とある有名な外国の研究者から「(常識的に考えると)そういうふうには考えられなかった」と言われたときには、恥ずかしいやらうれしいやら複雑な気持ちでした。その後、その研究結果を論文にしたところ、修士課程の研究なのに最上級の褒め言葉がすべての査読者から返ってきて、異例のスピードで科学雑誌に載せてもらえることになりました。じつのところ、その後10年以上いろいろな論文を書き続けていますが、こんなによい評価をもらったのはそのとき限りです。とにかく、この研究によって、毎日の降水同位体比の変化は水蒸気の運ばれ方と雨の降らせ方でほとんど決まっている、という「よく考えてみれば当たり前」の考え方が支持されるようになりました。

4　水の同位体で探る気象研究――水で空を測る

水の同位体比の測り方

ところで、水の同位体比はどのように分析されると思いますか？　主流なのは、質量分析法という、磁場をかけることによって速度と電荷をもった物質が質量に応じて曲げられるという性質を利用した方法です。1ミリリットルくらいの液体水を採取し、実験室に設置された質量分析装置（縦横高さ1・5メートルの巨大な箱型の装置＋周辺装置：図6・8）で約1日かけて分析するのです（一気に複数の試料を分析するので、1試料あたりにすると数時間です）。降水や雪、地下水のような液体及び固体試料の分析だと、採取する量は1ミリリットルとお手軽なのでよいのですが、水蒸気の同位体比を知りたいと

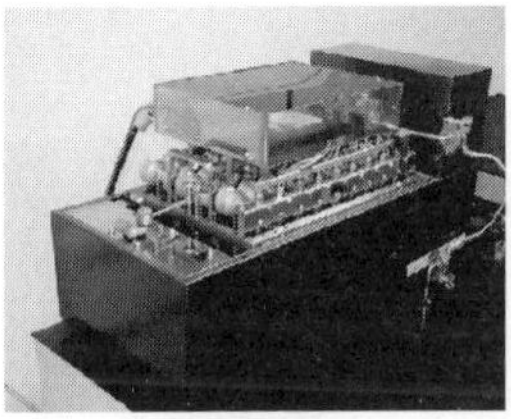
平衡装置

質量分析装置

図6.8　水同位体比分析システムの例（東京大学生産技術研究所提供）。左の装置に水試料をセットし、右の質量分析装置で同位体比を測定する。

思ったら大変です。まず空気を吸引し、ドライアイスとエタノールの混合液や液体窒素を使って冷やし、水蒸気を全量氷結させてから質量分析する、しかも1ミリリットルとなると結構な量の吸引が必要、という大変な手間とコストがかかる方法を採っていました。この全量回収というのが同位体比分析にはきわめて重要で、一部だけが凝結する際には同位体分別（重い水が先に凝結する）して同位体比が変わってしまうのです。

新たな分析方法によるブレークスルー

最近では分光分析法といって、$H_2{}^{16}O$と$H_2{}^{18}O$・HDOによって電磁波のスペクトル吸収・放出帯が異なることを利用した測定が確立してきています。この分光技術の進歩により、レーザー分光計という、少し大きめのデスクトップPCくらいの分析装置が出回るようになりました。早い・安い・小さい、と三拍子そろった素晴らしさで、あっという間に水同位体研究業界に広まりました。何よりよいのは、水蒸気を気体の状態のまま直接測れることで、そのお手軽さは全量回収していた時代からみると隔世の感があります。また、同様の分光技術を用いて、赤外線分光計を搭載した人工衛星から得られたデータによって、水蒸気の同位体比の全球分布を測れるようになってきました（図6・9、Frankenberg et al., 2009）。

前節までにお話ししてきたのは地上での降水の同位体比、どうあがいても地表面、すなわち2

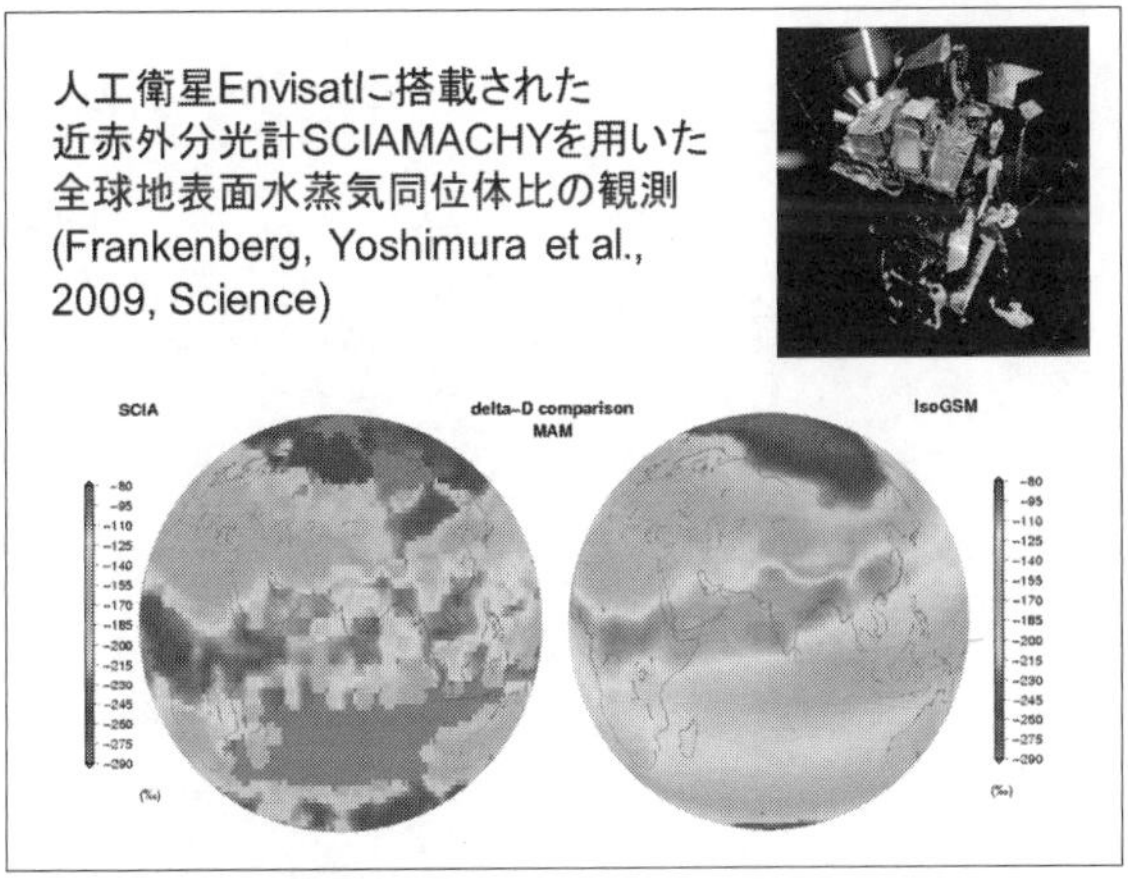

図 6.9　人工衛星に搭載した分光計を用いた水蒸気同位体比測定の例。

次元の情報でした。しかし、水蒸気の同位体比が測れるようになれば、それに高さ方向も加えた3次元の情報が入手可能になります。こうなると、「雲内の複雑な過程」の結果としての同位体比変化（コラム12参照）が実際に観測できるようになる可能性があります。実際にこの複雑な過程が細かいスケールに影響を与えていることは事実ですので、水同位体比を手掛かりに、これまでよくわかっていない雲生成・降水生成過程における水の挙動の理解を深めるというような、新たな進展への期待で胸が膨らんでいます。

コラム13　水で気候を測る

水循環を追跡するための目印としての利用のほか、水同位体比には重要な利用法があります。それは古気候の記録としての利用で、むしろ歴史的にみるとこちらが本命です。氷床や氷河の氷は過去に降った雪が固まったもので、一部の雪の同位体比は気温と強い相関があることが知られています。デンマークのダンスガード博士は、グリーンランドの氷を掘り出してその同位体比を測って過去数万年の気温を調べ、氷期中の急激な気候変動の存在を明らかにしました。いまでは南極の氷から80万年前もの記録が掘り起こされています。また、樹木も成長のために水を吸います。その水はもともと降水ですから、樹木の中のセルロースという物質を測ることで当時の降水の同位体比を求め、そこから当時の気温や降水量がわかるのです。同じようなことは鍾乳石やサンゴの殻からも可能です。こういった過去の気候情報の代わりになるようなものを気候プロキシー（代替情報）と呼び、水の同位体比、すなわち酸素や水素の同位体比はその代表選手のような存在です。しかしながら、そういった古気候研究においては、気候情報と同位体情報がよく相関しているという経験則を拠りどころとしているのですが、はるか昔の時代、たとえば1万年以上前の氷期などにおいても現在と同じ経験則が成り立つという保証はないところに根本的な問題を抱えています。

最近まさに生まれたばかりの研究では、水同位体比データ同化システム（データ同化については第7章を参照してください）を構築し、水同位体比の観測情報を手がかりにして、その水がたどってきた大気の状態を逆推定することに挑戦しています。これまで水の同位体は、その量がとても少ないために大気には物理的な影響を与えない物質であるとして、気象の業界ではほとんど取り上げられてきませんでした。しかし、見方を変えると水同位体比は、大気に影響を与えませんが、大気の影響は受けやすいのです。そこで水の同位体比情報から大気の情報を得ようという、いわばコロンブスの卵的な取り組みが現在進行中なのです。

このチャレンジは、世界中でまだ誰もやっていません。ここで書いたら誰かに盗まれるのでは、と心配してくれる方もいるかもしれませんが、そんな簡単なことではありませんし、そもそも水同位体を研究しているのは小さなコミュニティなので、一生懸命隠して一人で進めるよりも、みんなから協力してもらったほうが効率的なのです。このような感覚は、バイオやITなどと違って、どこか牧歌的なところが残っている地球科学に特有の雰囲気なのかもしれません。地球科学のなかでも競争が盛んな分野はもちろんありますが、そういう競争にはなるべく参加しない、というのが私のモットーともいえます。将来的には、降水同位体比やアイスコアや樹木セルロース、サンゴの殻、石筍などの同位体比のデータ同化に発展し、それによって、人類による観測が行なわれる以前、具体的には19世紀より前の気象・気候をもっと詳しく理解するというきわめてチャレンジングな問題への取り組みにつながるかもしれません。

引用・参考文献

Oki, T. and S. Kanae: Global Hydrological Cycles and World Water Resources, Science, Vol.313. no.5790, pp.1068-1072. DOI: 10.1126/science.1128845, 2006

Charette, M.A. and W.H.F. Smith: The volume of Earth’ s ocean Oceanography 23(2), 112-114, 2010

Pokhrel, Y., N. Hanasaki, P. J-F. Yeh, T. J. Yamada, S. Kanae, and T. Oki: Model estimates of sea-level change due to anthropogenic impacts on terrestrial water storage. Nature Geosci., doi:10.1038/NGEO1476, 2012

Kanae S., T. Oki, K. Musiake: Impact of deforestation on regional precipitation over the Indochina peninsula. J. Hydrometeor., 2, 51-70, 2001

Yoshimura, K., T. Oki, N. Ohte, and S. Kanae: A quantitative analysis of short-term 18O variability with a Rayleigh-type isotope circulation model. J. Geophys. Res., 108(D20), 4647, doi:10.1029/2003JD003477, 2003

Yoshimura, K., T. Oki, N. Ohte, and S. Kanae: Colored moisture analysis estimates of variations in 1998 Asian monsoon water sources. J. Meteor. Soc. Japan, 82, 1315-1329, 2004

Frankenberg, C., K. Yoshimura, T. Warneke, I. Aben, A. Butz, N. Deutscher, D. Griffith, F. Hase, J. Notholt, M. Schneider, H. Schrijver, T. Röckmann: Dynamic processes governing lower-tropospheric HDO/H2O ratios as observed from space and ground. Science, 325, 1374-1377, 2009

第 7 章

天気予報の研究

雲（Meng-Pai Hung 氏撮影）。

1　コンピュータを使った天気予報

天気のコンピュータ・シミュレーション

読者の皆さまは、「コンピュータ」というと何を思い浮かべるでしょうか？　パソコンを使ってインターネットでいろいろな情報をチェックしたり、電子メールを送ったり、ワープロソフトで文章を書いたり、表計算ソフトで家計簿をつけたり、生活や仕事に役立つ道具としてコンピュータを使っていることでしょう。じつは、その同じコンピュータを使って、天気の移り変わりをシミュレーションすることができます。この天気のシミュレーションによって、未来の「予想天気図」を描くことができます。実際、テレビや新聞などで見る天気予報は、気象庁のスーパーコンピュータでつくられた未来の予想天気図がもとになっています。この章では、コンピュータを使った天気予報について、その中身から最先端の研究テーマまで紹介する、そんな科学の旅へお連れします。

天気をシミュレーションする、といいましたが、どういうことでしょうか？　どうやってコンピュータのなかで天気を再現できるのでしょうか？　実際コンピュータのなかにあるのは、数字の羅列です。コンピュータは、与えられたプログラムによって決められた順番で決められた四則演算を行なっていって、数字を処理していきます。結果として得られるものも、数字の羅列です。つまり、コンピュータで天気をシミュレーションするには、天気を数字の羅列で表現しなくてはなりません。

天気を表現する数字の羅列とは、何でしょうか？　そもそも天気とは何でしょう？　天気というとまず、晴れ・曇り・雨、これらは空を見ればわかりますね。晴れているときは湿気が少なく、雨のときは湿気が多い。湿気は相対湿度何パーセントというように数字で表現できます。寒い日・暑い日、気温は数字で表現できます。風の強さ、方角、これも全部数字で表現できます。天気を表現するために、大気の状態をこのように要素に分けて、数字で表現します。具体的には、風、気温、湿度、気圧の４つが基本的な大気の要素となります。ここではこれらを気象変数といいましょう。おや、このなかには肝心の天気、晴れ・曇り・雨はありませんね。これについては、湿度と気温から水蒸気の飽和が計算できますから、雲ができるかどうか、雨が降るかどうかは、これらの気象変数から求めることになります。

さて、これらの気象変数は、場所や時間でつねに変動していることに注意が必要です。東京と横浜で風や気温は違います。また、同じ東京でも、朝昼晩で違います。１時間前と今とでも変わります。古代ギリシアの哲学者ヘラクレイトスは「万物は流転する」という言葉を残したそうですが、天気はつねに変わり続ける最たるものです。日本全国、世界各地に気象台があって、あちらこちらでこれらの気象変数を観測しているのは、大気の状態が場所や時間ごとにつねに移り変わるからです。「天気図」とは、ある決まった時刻の気象変数の地図上の分布を示したものです。あちらこちらの気象観測の結果を地図上に表して、その時刻の大気の状態をひと目で見られるようにしたのが天気図です。これで、天気を、場所ごとの気象変数という数字の羅列で表現できることがわかりました。東京の風、気温、湿度、気圧、横浜の風、気温、湿度、気圧、といった具合です。この気象変数の空間分布を、大気状態といいましょう。

次に考えるのは、数字の羅列として表現された大気の状態を、いかにシミュレーションするか、ということです。コンピュータは、決められた順番で決められた四則演算を行なうものです。このため、実際の大気のなかで起こっていることを、四則演算で表現してやればよいことになります。たとえば、東京がものすごく暑くなったら、東京の近くの横浜でも暑くなるでしょう。東京から横浜方面に風が吹いていたら、東京の熱が風によって横浜に運ばれるでしょう。また、昼間日射によって地面付近の気温が上がったら、地面付近の空気が軽くなって、対流を起こすでしょう。大気中の水蒸気が飽和して雲が発生したら、水蒸気が水になるときに潜熱を発生して、大気は暖められて雲の中の気温が上がるでしょう。このような変化は、大気の状態に応じて起こります。つまり、与えられた大気の状態に応じて、実際の大気のなかでは、気温の上昇や風の変化などが起こります。この実際の大気で起こっている変化を、コンピュータのなかにある気象変数に四則演算として適用していきます。これによって、今の大気状態から、それがどう変化するかをコンピュータで計算することができます。この大気の状態の時間変化を計算するコンピュータプログラムを「モデル」と呼びます（詳しくはコラム1）。

モデルによって、コンピュータのなかで表現された大気の状態が、次々に移り変わっていく様子を計算します。これが、天気のシミュレーションです。たとえば今日の大気状態を入力して、モデルを動かすことで、明日の大気の状態が計算できます。これを天気図として出力すれば、明日の予想天気図となります。これをもとにして、気象庁の予報官や、気象予報士は、天気予報を行なっているのです。

観測データを取り込むデータ同化

天気のシミュレーションを行なうには、まず最初に、ある時刻の大気の状態を入力しなければなりません。大気の状態がわからなければ、計算をはじめることができません。モデルは、与えられた大気の状態に基づいて、その移り変わり方を計算するものだからです。先に述べた例でいえば、東京が暑いという今の状態があるから、次の時間には横浜が暑くなるという変化を計算できます。東京から横浜方面に風が吹いている今の状態があるから、次にどうなるかがわかるのです。ですから、シミュレーションをはじめる最初の大気の状態、「初期値」が必要になります。

ここで重要なのが、デタラメな初期値を使うと、シミュレーションの結果として得られる結果の「予報値」もデタラメになってしまう、ということです。精度の高い予報のためには、実際の大気を忠実に再現したよい初期値が必要になります。このために、まずは気象観測により、実際の大気状態を知ることが重要です。気象庁や世界の気象機関では、地上付近や上空の大気の直接観測や、気象レーダーや人工衛星を使った気象観測網を展開しています。これらの観測データを即時に集め、解析して、大気状態を数字の羅列として表現します。これを「大気客観解析」と呼びます。

現在の気象観測網は、多くの人工衛星を含め、高度に発達していますが、それでも、得られる情報は限られています。たとえば、東京と横浜には気象台がありますが、その間にはありません。もっと密な観測を行なうために、気象庁はアメダスを展開しています。アメダスは、およそ20キロメートルごとにありますが、それより細かいところはわかりません。上空の大気の状態は、ラジオゾンデという気象観測用の風船を使って直接観測が行なわれていますが、日本全国で18地点です。国連の世界気象機関が推奨する観測密度は、およそ数百キロメートルに1地点となっていますから、世界的にみて決して少ないわけではありません。一方、モデルで計算する大気状態は、

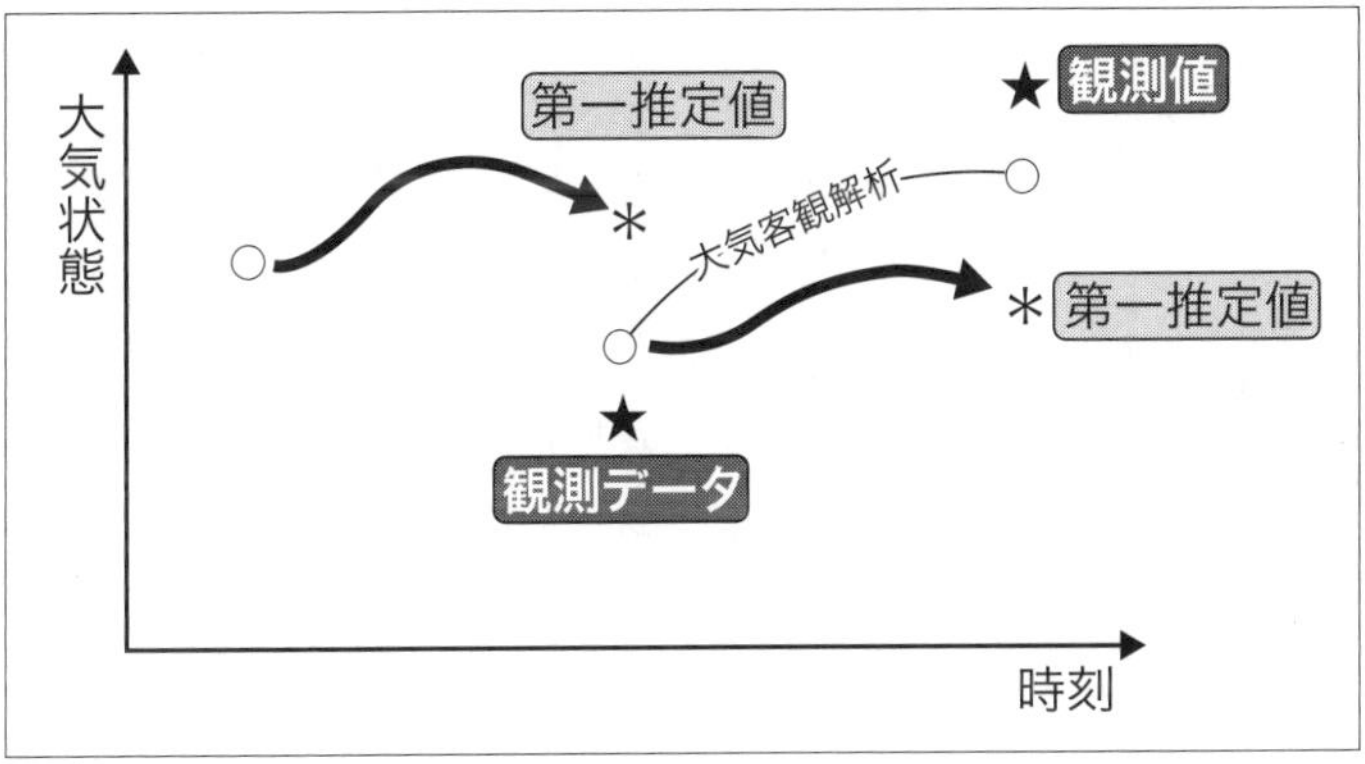

図 7.1　データ同化サイクルの模式図。

現在の気象庁の地球全体をシミュレーションするモデル（全球モデル）では、およそ20キロメートル四方の解像度となっています。観測データだけでは到底足りません。人工衛星データは地球全体を高い解像度で観測していますが、人工衛星のデータから気象変数を求める際に複雑な誤差が生じます。これにより、大気客観解析を行なうには、制限が生じます。

そこで、直近の予報値、全球モデルの場合は6時間予報値を、推定値として使います。最初の推定値となるものですので、「第一推定値」と呼びます。第一推定値は、モデルによって予報された大気状態ですから、モデルの解像度で与えられます。観測はこれよりもずっと限られていますが、観測データによって、この第一推定値を修正し、現実の大気状態に近づけてやります。これは、モデルで得られた第一推定値に観測データを取り込んで同化させる、という意味から「データ同化」と呼びます。

大気客観解析は、このデータ同化によってつくられています。

第一推定値は、精度よく実際の大気状態を再現していることが重要です。そうでなければ、結果として得られる大気客観解析の精度が悪くなってしまいます。一番最初の初期値をデタラメに与えても、6時間ごとのデータ同化を数日分程度繰り返すことで、第一推定値は精度よく大気状態を表すようになることが知られています。これは、モデルが時間方向に情報を伝達するものとして機能するからです。観測データはある特定の時刻のものですが、データ同化により初期値をつくり、そこから予報した結果を第一推定値として使う、という過程で、先の時刻の観測の情報が次の時刻まで引き継がれます。このサイクルを繰り返すことで、最初はデタラメだった初期値でも、だんだんと大気客観解析が実際の大気状態に近づいていき、数日分のサイクルを行なえば、第一推定値の精度がよくなるのです。このような第一推定値を用いるデータ同化は、観測を3次元空間に加えて時間方向にも合わせて同化するという意味で、4次元データ同化と呼ばれています。

コンピュータの発展と天気予報

家庭やオフィスで使うようなパソコンでも、天気のシミュレーションができます。低気圧や高気圧の変動などは十分に表現できるでしょう。といっても、当然ながら、気象庁のスーパーコンピュータで行なうような大きな計算はできません。コンピュータの性能と、シミュレーションする天気の精細さには、対応関係があります。より計算能力の高いコンピュータがあれば、より精緻なシミュレーションが可能です。大気状態は3次元空間と時間の4つの軸をもちますから、それぞれの軸で解像度を2倍にすると、2の4乗、つまり16倍の計算能力が必要となります。気象庁では、おおむね5年ごとにスーパーコンピュータを入れ替え、そのたびにおよそ10数倍程度ずつ計算能力が向上してきました。これにより、おおむね5年ごとに全球モデルの解像度は2倍程度に向上してきて、現在は約20キロメートルの解像度となっています。2013年4月時点で、天気予報のために世界でもっとも高解像度で日々運用されている全球モデルは、ヨーロッパ中期予報センターによるもので、およそ14キロメートルの解像度です。スーパーコンピュータ「京」では、全球を数百メートルメッシュで刻んだ天気のシミュレーションを目指しています。コンピュータの能力はムーアの法則といわれる非常に速いスピードで進化していますから、解像度向上の傾向は今後も続くことでしょう。また、家庭のパソコンの計算能力も同様に向上していますから、将来もしかすると、家庭のパソコンで自前の天気予報の計算が簡単にできるようになるかもしれません。

2　天気予報の当たり外れ――天気とカオス

予測の科学

何事も、将来のことを知りたい、と思うのは人間のつねでしょう。予言や占いなどは、太古の昔からあったと考えられています。人間の活動は、大きく天気の影響を受けますから、天気の予言、とくに、冷夏、干ばつといった農作物の生育に関わるような予言は、古くから人間の生活に重要な情報だったことでしょう。天気を予言し、祈祷し、コントロールすることができるとすれば、それは大きな力として人々の尊敬を集めたかもしれません。天気に限らず、先のことを知りたいと思うことは多くあり、人間の根源的な欲のひとつかもしれません。

天気予報について考えるには、「予測」について科学的に考えなくてはなりません。まず例として、明日の野球の試合はどちらが勝つか、ということを考えてみましょう。仮に片方がプロ野球チームで、もう片方が近所の草野球チームだったとしましょう。この結果はほぼ明らか、十中八九、いやもっと確実に、プロ野球チームが勝つでしょう。では、近所の2つの草野球チーム同士の試合だったらどうでしょう。仮に力が均衡していれば、五分五分といったところでしょう。

この例からわかることは、予測は完全ではありえない、ということです。未来を１００パーセント確実に知ることはできません。先の例でのプロ野球チームも、たとえば試合当日に電車が止まってしまって、急きょ参戦できなくなってしまったら、草野球チームの不戦勝となるかもしれません。そして、この不完全な予測は、十中八九とか、五分五分といった確率的な表現がよく合います。競馬のオッズも同様です。どれが勝つかはわからないが、この馬の経歴や状態から、今回のレースはこの馬が勝つ可能性が高いのではないか、と予測します。つまり、予測は確率的です。

確率的というと、サイコロの目を思い浮かべるかもしれません。ある占いでは、亀の甲羅の割れ方、おみくじ、といった明確な因果関係のない確率的な事象を、将来起こる何かに結びつけることがあるかもしれません。こういった占いも、予測の一種だといえるでしょう。

ここまで考えてくると、不確定な未来についてなされた予測が、どの程度当たったか、ということが興味の対象になります。つまり、予測は、その正確さをあとで検証することが重要です。これにより、予測が科学的対象となります。実際、気象庁では、天気予報の正確さを検証し、だんだんと予報が当たりやすくなってきていることを示しています。

天気とカオス

天気予報は、いつも同じように当たりやすいわけではありません。当たりやすい日、当たりにくい日があります。実際、気象庁の週間天気予報では、予報の当たりやすさ（信頼度）がAからCで示されています。では、どういうときに当たりやすくて、どういうときに当たりにくいのでしょうか。

このことを考えるにあたり、まずは潮の干満について考えてみましょう。満潮時刻、干潮時刻は、将来起こることですが、予測はほぼ完全です。ほぼ、というのは、まずありえないとても低い確率であるにせよ、地球に巨大小惑星が接近するなど、潮の満ち引きに影響を与える事象が起こる確率が、完全にゼロとはいい切れないからです。しかし、このような異常が起こる確率は限りなくゼロに近いですから、潮の満ち引きの予測は完全といってよいでしょう。つまり、予測が外れることはありません。日没や日の出の時刻、月齢、日食や月食も同様です。

では、当たりにくい予測としては、どんなものがあるでしょうか。昔から怖いものとして地震雷火事親父といいますが、地震や雷がいつどこで起こるか、といった予測は当たりにくいでしょう。

以上の当たりやすい予測、当たりにくい予測の違いは何でしょうか。まず、当たりやすい予測は、その発生原因をよく理解しているうえ、その原因の動きが安定的なので予測が簡単です。地球、太陽、月の位置関係は非常に精度よく予測できますから、その位置関係が原因となって起こる潮の満ち引き、日食月食の予測は高い精度で得られます。一方、大地震の周期性もよくいわれますが、完全に固定された周期ではありませんし、直接の原因が岩盤の破壊現象だとすれば、いつどこで破壊されるかは、歪みが溜まっていても正確な予測は非常に困難でしょう。歪みが溜まっているから、このあたりでもうすぐ地震がありそうだ、というような漠然とした予測なら可能かもしれません。雷も同様に、今日は上空に寒気が入って大気が不安定だから、ところによって一時雷でしょう、という予測ができます。しかし、「ところによって一時」とはいえても、「何時何分にこの場所で」とはいえません。発生原因はよく理解していたとしても、動きが非周期的で安定的でない場合は、予測が難しくなることがわかります。

動きが非周期的で安定的でない、とはどういうことでしょうか。株価の場合を考えてみましょう。株価を予測したとします。すると、その予測を基に、投資家が株の売買をしたとします。多くの投資家がこの予測を手に入れてそれに基づいて行動を起こしたとしたら、その予測自体が、株価の変動に影響を与えてしまいます。このような相互依存関係を、非線形な関係といいます。非線形な関係がある場合は、原理的に予測不可能となることがあります。このような予測不可能性は、決定論的カオスとして知られています。

決定論的カオスに特徴的なのは、ほんの少しのゆらぎがあると、それが増幅され、予測に大きな影響を及ぼす、ということです。これをシミュレーションに当てはめると、初期値にほんの少しの誤差を与えたら、シミュレーション結果はまったく異なってしまう、ということです。

決定論的カオスは、米国の気象学者ローレンツ博士による1963年の論文で初めて発見されました。その経緯を、ローレンツ博士は自身が著した『カオスのエッセンス』という一般向け科学書籍で、とても興味深く説明しています。当時のコンピュータでは、計算結果をプリントアウトして保存していました。ローレンツ博士は自分が構築した簡単なモデルで、ある初期値から計算をはじめて、結果を得て、プリントアウトしておきました。そして、プリントアウトした数値を、続きの計算の初期値として入力して計算しました。するとどうしたことか、プリントアウトした数値を初期値として得られた結果と、プリントアウトしないで続きの計算をしておいた結果とが、まったく異なることに気づきました。入力間違いしたかなとか、コンピュータが壊れているのではないか、などと悩みに悩みました。その結果、両方の結果が正しいことがわかりました。まったく異なる計算結果になってしまった原因は、プリントアウトする際、有効数字何桁かで数値を切り取ってしまったせいであることをローレンツ博士は突き止めました。つまり、初期値が、たとえば1・23456789であるべきだったとしましょう。プリントアウトする際に、1・23456789を1・234567 9と、最後の桁を四捨五入して保存していました。1・23456789を初期値とした場合と、1・23456779を初期値とした場合とでは、初期値の違いはごくわずかです。しかし、予報をすると、このごくわずかの差がみるみる膨らんで、シミュレーションした結果はまったく異なってしまっていたのです。

天気予報のモデルでも、同様の現象が起こることが知られています。これを「初期値鋭敏性」といいます。ローレンツ博士は、これを「バタフライ効果」と呼びました。小さな蝶の羽ばたきひとつが、数日後の嵐の原因ともなりうるのではないか、という初期値鋭敏性を例えた象徴的な言葉です。このような初期値鋭敏性は、決定論的カオスの特徴です。天気予報モデルは決定論的カオスを示すため、天気予報は当たらなくなるのです。

さて、話をはじめに戻しましょう。天気予報には、当たりやすいとき、当たりにくいときがあるといいました。つまり、ときと場所によって、初期値鋭敏性が変わるということです。当たりやすいのは、初期値を多少変えても予報は比較的安定しているとき、当たりにくいのは、初期値を少し変えただけで予報が大きく変わってしまうときとなります。

当たりやすさを予報するアンサンブル予報

気象庁の週間天気予報では、天気予報の当たりやすさ、つまり信頼度をAからCで示しています。これは、先に述べた初期値鋭敏性の結果にもとづいています。初期値鋭敏性を調べるため、

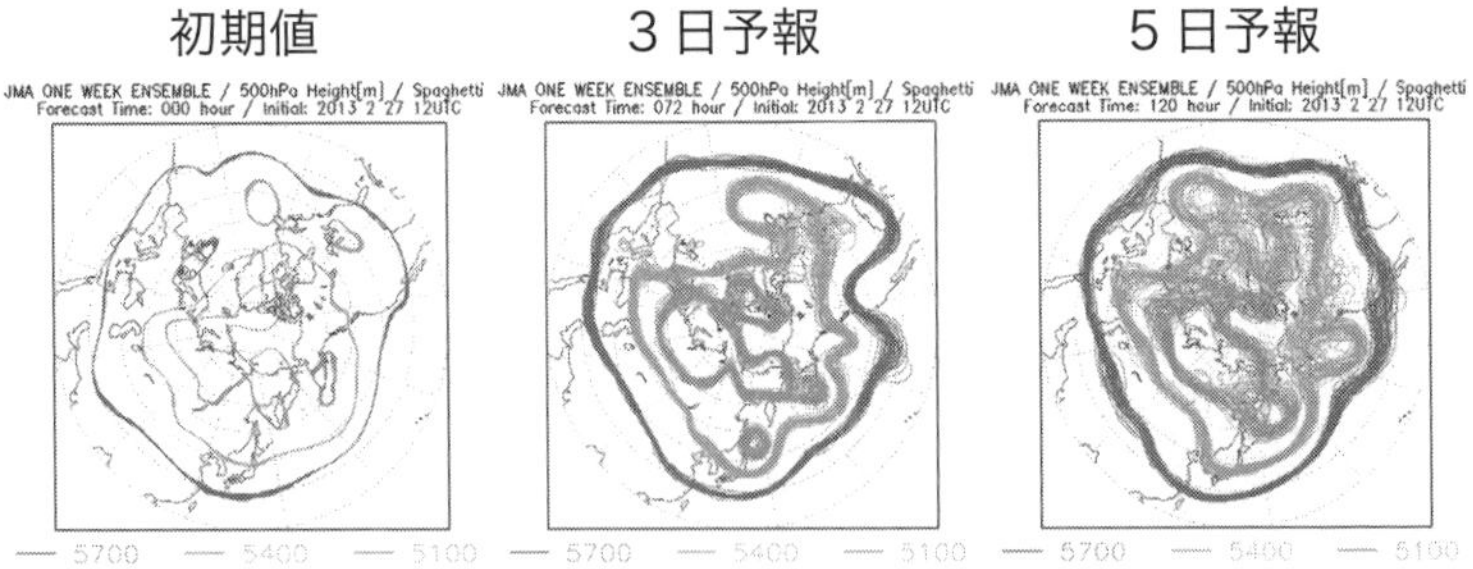

図 7.2　2013 年 2 月 27 日 12UTC（日本時間の午後 9 時）を初期値とした気象庁のアンサンブル予報。北半球 500hPa 高度 5700m（外側の円）、5400m（真ん中の円）、5100m（内側の円）が 51 メンバーずつ示されている。予報時間が長いほど、ばらつきが大きい。

気象庁では、毎日たくさんの初期値を使ってたくさんの天気のシミュレーションをしています。これをアンサンブル予報と呼んでいます。

アンサンブルとは、集合といった意味です。予測は確率的だといいました。確率を表現するのに、サンプルを取ることはよく用いられる方法です。たとえば、サイコロを振って1の目が出る確率は通常6分の1ですが、サイコロを何回も振って、本当に6回に1回の割合で1の目が出るかどうかを確かめることができます。もし3000回振って、1500回が1の目だったとしたら、このサイコロは何かがおかしいと思うでしょう。本当なら500回前後に落ち着くはずです。この3000回振ることが、3000個のサンプルを取ることに相当します。サンプル数をメンバーといいます。つまり、3000メンバーのアンサンブル実験です。

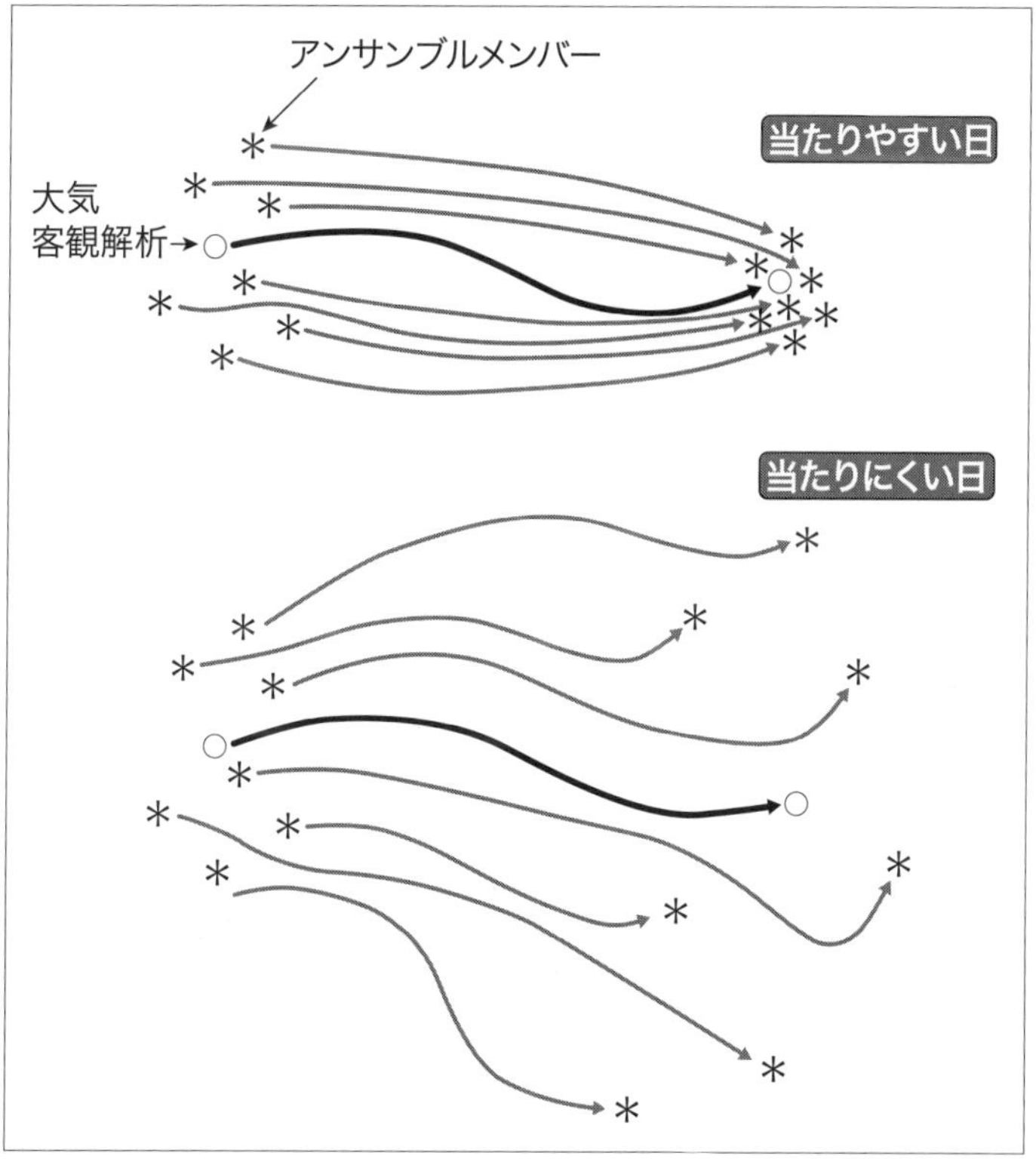

図 7.3　アンサンブル予報の模式図。

同様に、天気のシミュレーションも、データ同化の結果得られた1つの初期値だけでなく、その周りにばらつかせた複数の初期値から、複数のシミュレーションを行なうことができます。この結果、その日の予報が当たりやすいのか、当たりにくいのか、ということがわかります。図7・2に示すのは、気象庁によるアンサンブル予報の例で、51個の予報が示されています。最初は小さいばらつきが、3日予報、5日予報と予報時間を長くするにつれて、大きくばらついてくることがわかります。またそのばらつき方も、場所によって異なることがわかります。とくに気圧の谷に対応してばらつきが大きくなることがよくあり、図7・2でも円状の線が大きく波打っている場所（気圧の谷）に対応して、アンサンブルメンバーのばらつきが大きくなっています。気象庁では、毎日51個の初期値を使って、51メンバーのアンサンブル予報を行なっています。全部の予報が一致すれば、それだけ信頼度の高い、当たりやすい予報といえるでしょう。一方、それぞれの予報がバラバラであれば、信頼度の低い、当たりにくい予報だということがわかります。これは、たんに1つの初期値から1つだけの予報を行なっただけではわからないことです。もし1つの予報しかなければ、それを信じるしかありません。それがどの程度確からしいのかは、過去の経験から、平均的にこの程度当たるということしかわかりません。アンサンブル予報によって、今日の予報はいつもに比べて当たりやすいとか当たりにくいということがいえるようになるのです。

3　天気予報研究の未来――カオスへの挑戦

逆転の発想――当たりにくさを予測因子に？

アンサンブル予報のばらつき方で、そのときの予報の当たりやすさ・当たりにくさがわかるといいました。この予報の当たりやすさは、つねに変動していますので、これを地図上に示して見ていると、面白いことに気づきました。

予報が当たりにくいときは、一般に何か極端な天気現象が生じるときと対応することは知られており、そのことは確認していました。たとえば、台風があるときには、アンサンブル予報のばらつきが台風の周りで大きくなることが知られています。しかし、もう少し詳しくみると、何か天気現象が生じるときに「先んじて」、予報が当たりにくくなることに気づきました。たとえば台風が発生しそうなとき、予報が当たりにくくなることをみつけました。台風の発生は、気象学のなかでは難しい研究トピックスですが（第2章）、この「予報の当たりにくさ」というちょっと変わった情報により、台風の発生メカニズムを理解しなくとも、台風が発生するかもしれない、という予測因子になるということです。予測のしやすさ、という予測を助ける2次的な情報だったはずが、これ自体が1次的な予測因子となるのでは、という逆転の発想です。

この手法は、まだ実際の天気予報では使われていません。今最先端の天気予報研究のひとつで、実際の天気予報に生かされるには、今後いろいろな場合に適用して調べなければなりません。これまでのところ、ちょっと専門的になりますが、成層圏突然昇温や、もう少しスケールの大きい熱帯の準二年振動といった現象に対しても、同様に当たりやすさが予測因子となりうる場合がありそうだという研究成果が発表されています。

高度なデータ同化を探る

初期値鋭敏性が強い場合に予報が当たりにくくなることは述べたとおりです。このようなときは何か極端な天気現象が生じるときに対応しており、より確からしい予報が欲しくなるときでもあります。初期値鋭敏性が強いのですから、予報の精度が初期値の精度に大きく依存するときでもあります。つまり、予報が当たってほしいときほど、予報は当たりにくく、また初期値の精度が重要になるのです。

初期値をつくるのはデータ同化です。このため、データ同化を高度化し、より精度の高い初期値をつくる研究が、最先端で行なわれています。天気予報におけるデータ同化は、大量の人工衛星データを含む気象観測データと、高解像度の天気シミュレーションモデルの第一推定値とを同時に扱うため、計算は非常に大規模になります。気象庁の数値天気予報システムでは、9日間の全球モデルの予報を行なうのと同じ程度の計算資源を、データ同化に費やしています。それくらい、データ同化は大きな計算を要するもので、それだけ費やす価値があるものと考えられています。

さて、このような大きな計算をするデータ同化では、さまざまな仮定をして、計算量を減らす工夫をしています。データ同化では、観測データを、ときと場所に応じて違う扱いをしなければなりません。たとえば観測地点のすぐ西側に山がある場合、この観測データがその東側と西側に与える影響は異なります。また、観測地点を南北方向に伸びた前線が通過するとき、この観測データは、南北方向と東西方向とで違った影響をもちます。観測データをときと場所に応じて適切に扱うことは、とくに予報が当たりにくくなるときに効果的であると考えられています。しかし、データ同化の計算量を減らすためにやむなく、以上のような変動の効果を無視して、いつでもどこでも同じように観測データを扱う、というかなり大ざっぱな仮定をするのが一般的でした。実際つい数年ほど前まで、気象庁や世界の多くの現業天気予報センターの数値天気予報システムでは、このような大幅に簡略化する仮定をしていました。2000年代以降、時間と場所に応じた変動の効果をデータ同化で考慮する研究が行なわれてきました。たとえば現在気象庁で使われている高度なデータ同化手法では、6時間分だけモデルで変動させる効果が取り込まれています。また最近は、アンサンブル予報を使って変動の効果を直接考慮する「アンサンブルデータ同化手法」が盛んに研究されています。実際、米国、英国、カナダの数値天気予報センターでは、アンサンブルデータ同化手法を取り込んだ新しいデータ同化手法を使いはじめており、予報精度の大幅な向上が報告されています。

アンサンブルデータ同化手法のひとつに、アンサンブルカルマンフィルタという方法があります。1994年にノルウェーのエヴェンセン博士により考案され、それから盛んに研究が続けられ、今では気象学におけるデータ同化研究でもっともよく知られた方法のひとつとなりました。日本の気象庁でも、将来の重要な選択肢のひとつとして、研究開発がすすめられてきています。

アンサンブルカルマンフィルタを使う利点は、すでに実施しているアンサンブル予報をさらに高度に利用するという効率性があります。また、先に述べた日々変動する誤差構造を考慮することで、観測データのもつ情報をさらに引き出すことが可能となります。たとえば、湿度の観測があった場合、これから風などの情報を得ることは従来難しかったのですが、アンサンブル予報を使うことで、湿度の観測から風などの情報を有効に引き出すことができて、より客観解析の精度を向上することができます。

しかし、アンサンブルカルマンフィルタには重大な欠点もあります。それは、アンサンブル予報の計算コストを抑えるため、アンサンブルメンバー数に限りがあり、100メンバー程度しか扱えないことです。これは、アンサンブルメンバー数だけのシミュレーション計算をしなければならないため、どうしても避けられない根本的な点です。この限られたアンサンブルメンバー数によって生じるサンプリング誤差が大きな問題となります。この他にも、計算コストを抑えるためにさまざまな仮定をおいており、改善すべき点があります。今、最先端の研究では、このような改良点に取り組んで、さらに高度なデータ同化を探っています。

データ同化でモデルを磨く

コンピュータ・シミュレーションはモデルの計算ですから、モデルそのものの精度は非常に重要です。モデルは、与えられた大気状態に対して、それがどう変動するかを、実際の大気で起こっている状況を再現するよう、コンピュータプログラムとして構築したものです。実際の大気で起こっていることへの理解を深め、モデル自体を改善していく努力は、つねにすすめられています。ここでは、それに加えて、データ同化を用いてモデル改善へ役立てる、という新たな研究について紹介します。

データ同化では、モデルの予報から得られる第一推定値と観測データとを組み合わせます。この際、第一推定値と観測データとをくらべて、その一致の度合いをみることになります。観測データも完全ではなく、観測誤差がありますから、第一推定値が観測データに近ければ近いほどよい、というわけではありませんが、系統的な誤差などをみつけることができます。これは、モデル改善へ向けての貴重な情報源となります。

モデルには手動で設定しなければならない定数（パラメータ）が多く埋め込まれています。物理定数など決まった値があるパラメータばかりでなく、大気と地面の交換係数といった、決まった値のないモデルパラメータもあります。こういった値（パラメータ）は、直接観測されることもなく、またいつでもどこでも同じ値であるべきなのかも疑問です。通常、モデルのパラメータは一定値を与えられており、手動で設定し、場合によっては設定値を調整して、モデルの精度向上を狙います。しかし、手動で調整するには、多くの手間と計算を必要とし、限界もあります。

これらのパラメータ値を、データ同化によって観測データに基づいて自動的に設定する方法が最近研究されています。こういった方法を、データ同化によるパラメータ推定といいます。モデルのパラメータ値が、予報が観測データと整合が取れるようなかたちで自動的に推定、最適化されていくという、非常に強力な方法です。最近の研究で、たとえば地上の二酸化炭素排出量といった2次元に変動するパラメータも、人工衛星からの大気中二酸化炭素の観測データだけからうまく推定できることが、明らかになってきました。同様に、陸面や海面からの熱や水蒸気の交換なども、二酸化炭素の場合と同様にして推定できることも最先端の研究で示されはじめています。まだ実際の天気予報で応用されてはいませんが、このような手法はどんなシミュレーションモデルにも適用できる一般的なアプローチですから、ますます研究が盛んになるものと期待されています。

統合地球環境システムへ

現在、実際に気象庁など世界の天気予報センターで使われているモデルは、気象変数だけを扱っているものがほとんどです。大気状態の移り変わりを計算する際、海洋や陸面の状態が大気状態に変化をもたらします。たとえば、暖かい海の上では大気は暖められ、また水蒸気も補給されます。この効果は、天気に対してときに大きな影響をもたらします。冬の日本海側の大雪では、暖かい日本海から補給された水蒸気が重要ですし、台風の発達には、海面からのエネルギー補給が必要です。このような海面の効果は、今のところモデルのパラメータとして与えられています。

最近は、海洋状態を直接扱い、海洋状態の変化も大気状態と同時に計算する、「大気海洋結合モデル」が開発され、天気予報センターでは、とくに長期間の天気予報や季節予報などに使われはじめています。この他、気象変数に加えて、大気汚染物質やエアロゾル（大気中に浮遊する微粒子）といった大気微量成分を含めたり、海洋のプランクトンといった生命体を考慮したりするなど、地球環境システムを統合的に扱うモデルの開発がすすんでいます。大気汚染物質やエアロゾルは、日射や赤外放射などと相互作用して、気象要素、たとえば気温などに影響を与えるでしょう。また、雲の生成過程に影響があり、雲のでき方、雨の降り方などに影響します。海洋のプランクトンは、二酸化硫黄といったオーガニックエアロゾルを生成することが知られており、大気中のエアロゾル分布に大きな影響を与えます。また、砂漠から舞い上げられる砂は、鉄分を多く含んでおり、これが海に飛ばされると、プランクトンの生成に影響があることも知られています。このように、地球環境は、たんに気象要素だけで閉じたものではなく、地球上にあるさまざまな要素がお互いに関係し合っています。モデルにこれらの要素を加え、プランクトンやエアロゾルを含めたあらゆる要素の移り変わりを計算することが、ここでいう統合地球環境モデルへ向けた最先端の研究の取り組みとなります。

それぞれの分野で専門家が研究をすすめており、実際自然で何が起こっているのかを理解し、これをモデル化する努力がすすめられています。これら各分野の最先端の知見を統合するのは、とても難しいことです。さまざまな分野でお互いにコミュニケーションしながらすすめていかなくてはなりません。科学は、分科分類していくことで発達してきましたが、近年はそれとは逆の方向性、学際統合の科学の重要性が認識されています。統合地球環境システムへの取り組みは、まさに学際統合の科学です。これをすすめることで、天気予報だけを考えていては成し得ないブレークスルーを引き起こし、より質的に高度で、高精度の天気予報を人類が手にできるように、それを目指して我々研究者は日夜努力を重ねています。

コラム14　理科の気象が嫌いだった気象学者

気象学者になっていながら、このようなことを言うのはおこがましいかもしれませんが、私は、取り立てて天気が好きだったわけではありません。子どものころ、理科は大好きで、何か薬品を混ぜたり、燃やしてみたりと、実験と名のつくものが好きでたまらなかったのは本当です。また、算数や数学も大好きでした。こうすればこうなる、だからこうしたらこうなる、と一から順序立てて説明して、ちゃんと理解できる、ということが好きでした。しかし、その大好きな理科のなかで、天気に関する部分は大嫌いでした。なぜなら、天気図を見て、風は高気圧から低気圧に向かって吹くのですよ、と教えられても、それは覚えるだけのことで、その理由がよくわからなかったからです。最初のところでモヤモヤしてしまって、その先へと興味がわきませんでした。ですから、自分が気象学者になるなんて、思いもしませんでした。アメリカの大学で教鞭をとっていて、大学院への入学願書を見ると、子どものころから空が好きで……というような話をよく目にします。私自身はそうではなかっただけに、子どものころから……という話はちょっと羨ましくも思います。

さて、そんな私が気象学を意識するようになったのは、大学4回生の夏、気象庁に就職することが決まってからです。それまでは物理学を専攻して、物理学の理論や実験の勉強をし、卒業研究では力学系の理論に関するコンピュータ・シミュレーション実験をしていました。気象に興味がなかったのになぜ気象庁に就職したのか？　それには深い理由はなく、たんに公務員試験制度によるものです。当時の公務員試験では、物理という試験科目がありました。物理で合格すると、就職先は限られていて、気象庁はおもな採用先のひとつでした。実際気象庁の職員には、物理学をバックグラウンドにしている人が多くいます。かならずしも気象ではありません。このこと自体、少し驚くかもしれませんね。今は少し試験制度が変わったようですから、気象学の専門知識を身につけた若い気象庁職員が増えているかもしれません。

それはさておき、図らずも気象庁に就職してみて、やっぱり気象学のことを知らなきゃいけないな、と思い、毎日仕事が終わってから少し勉強するようになりました。この際、気象予報士試験は、目標としてとても役立ち、幅広く天気予報の科学、技術に関する基礎知識を身に付けることができました。気象庁で事務仕事をしばらくした後、予報部数値予報課という、数値天気予報モデルをつくって運用する部署へ移りました。これが、本格的に気象学に携わるようになった最初のときです。25歳でした。そのときの気象学の知識は、独学で身につけた気象予報士だけ。数値予報課で携わったのは、天気がどうやって移り変わるか、といった気象学の本流ではなく、いかに天気予報を改善するか、とくにデータ同化をどう改善して天気予報の向上につなげていくか、という仕事です。大学生のころに少しかじった力学系の理論と、とても深いつながりがありました。乾いたスポンジが水を一気に吸い込むように、みるみるデータ同化の理論と技術を吸収しました。そして、データ同化の世界最先端の研究を行なうため、アメリカの大学へ留学する機会を得ました。そこでアンサンブルカルマンフィルタの世界最先端の研究を行なって博士となって帰国し、気象庁の技術開発に役立てながら、さらに研究をすすめてきました。

ここまでくると、一人前の気象学者です。今はメリーランド大学で、学部生や大学院生を相手に、もっとも正統な気象学の一分野である「総観気象学」を教えています。総観気象学とは、いわゆる低気圧・高気圧の移り変わりに関する理論です。理科で気象が大嫌いだったのに、不思議なものです。ただ、子どものころは覚えるだけのこととして教えられた理科の気象が、今ではちゃんと順序立てて理解して、人に説明することもできるようになりました。ですから、昔から私が好きだった、一から順序立てて理解する、ということについては一貫しています。今ではもちろん、気象学が大好きです。

コラム15　アメリカの大学院ってどんなところ？

　私は、日本の大学を卒業しましたが、アメリカの大学院で学位を取得し、教鞭をとったのもアメリカの大学院でした。日本の大学院にはこれまで縁がなかったため、比較できないのが残念ではありますが、ここでは、アメリカの大学院の様子についてお話しします。

　アメリカの大学院といっても、千差万別、多種多様な大学院がありますが、ここでは私自身が所属していた、理系の学術研究をおもに行なう、いわゆる研究大学院に話を限ります。一般に研究大学院には留学生が多く、場合によっては1学年の半分以上が留学生、ということも少なくありません。私が大学院生だったときのクラスは、1学年で20人弱が入学し、その半分程度が中国人でした。先生も中国出身者が複数いましたし、その他インド出身、アルゼンチン出身、ロシア出身など、国際色にあふれています。アメリカで生まれ育った大学院生、先生が多いことはもちろんですが、国際色の豊かさは、日本の大学とは大きく異なるかもしれません。しゃべる英語もみんなお国訛りがあって、しばらくすると英語を聞くだけでどの国から来たかがわかるようになってきます。また同じアメリカ出身といっても、いくつか特徴的な訛りがあることもだんだんわかってきました。日本語にもいわゆる標準語、関西弁などとありますから、それと似ています。

　さて、研究大学院では、最初の1〜2年は、みっちりと授業があります。宿題、中間試験、プロジェクト、期末試験、といった具合で、ひとつの授業を取ると、授業の時間に加えて、その何倍もの時間を費やして勉強しなくてはなりません。成績の評価はとても厳しく、平均が基準を下回ると、大学院から注意勧告がきます。いわばイエローカード。2学期連続でこの基準を下回ると、強制的に退学となります。まさにレッドカードです。このため、学生の授業に対する取り組みは真剣そのものです。

　ひと通りその道の専門家として知っておくべき専門知識に関する授業を終えたころ、総合学位試験という試験を受けます。この試験は、通常は筆記試験と口頭試験からなります。筆記試験では、その道の専門家として当然知っておくべき知識や考え方が、総合的に問われます。これに合格すると、口頭試験があり、5人の教授陣に囲まれて、あれやこれや専門知識の試問が1時間以上続きます。この総合学位試験というのが大変厳しく、春学期の期末試験（5月ごろ）が終わってから、日夜猛勉強して、くたくたになった6月ごろに行なわれます。一度失敗するともう一度だけ再受験の機会が与えられますが、2度失敗すると復活は許されず、退学するしかありません。この記録は永久に残るため、その大学院の当該プログラムからは一生涯学位を取得する道が閉ざされます。この厳しさゆえ、学生の取り組む姿勢もなみなみならぬもので、ピリピリした雰囲気に包まれます。といっても合格者の上限数はないため、他を蹴落とすといった雰囲気はありません。私が大学院生のころは、クラスメートの有志で勉強会を開いて、過去問への解法をお互いに議論しあったりして、みんなで合格しようと一丸となって頑張ったものでした。そのとき一緒に勉強した仲間は、今は立派な博士となって、各方面で活躍しています。アメリカ気象局で管理職をやっている人、アメリカの大学で研究を続けている人、アメリカ航空宇宙局NASAの研究者となった人、中国に戻って大学で教鞭をとっている人、などなど。世界各地から集まった留学生が、全米各地、世界各地へ散って活躍する、というのも面白いことです。年に一度のアメリカ気象学会年次総会に行くと、当時の同級生に会って昔話に花が咲きます。

さて、総合学位試験に合格すると、次に博士論文の研究に関して、計画提案書を提出し、5人以上の教授陣による審査、口頭試問を受けます。これに合格すると、博士号候補生という身分を大学院から与えられます。博士号候補生になると、あとは博士論文を執筆し、最後の口頭試問を経て、晴れて博士となります。博士への道は遠く厳しい、平均して6年くらいの道のりです。

アメリカで博士号を取得した人は、例外なく皆このような道を通っています。日本には論文博士といって、経験豊富な研究者が論文審査だけで博士号を取得できる制度がありますが、アメリカにはそういったしくみはなく、このため、10年、20年もプロの研究者として経歴がある人が、大学院に入ってくることも少なくありません。大学を出てすぐに大学院に進学する人は多くなく、社会に出て何年か働いてから、高い問題意識をもって大学院にやってくる、そういう学生が大半です。目的意識の高さ、学生の成熟度も、アメリカの大学院の質を支えているといえるでしょう。

さて、このようにして学位を取得して、今度は教員になってみると、また違ったふうにみえてきます。どうやって学生を選抜し、研究員や教員を選び、どうやって高い質を保って強い大学院プログラムとしていくか、と考えるようになります。日本だと、有名大学が強く、逆転することは難しいかもしれませんが、アメリカだとその辺りが柔軟で、努力し続けないと現状維持もできない。逆にいうと、頑張れば、有名大学よりも優れた大学院プログラムにのし上がることができる。つねに競争にさらされ安住の地はありませんが、それがゆえに新陳代謝が活発で、良いところは良くなるし、そうでないところは下がっていく、という理にかなった結果となります。こういう環境は、頑張り甲斐があるものです。私が所属していたメリーランド大学は、研究大学院として研究に重点を置く方向にかじを切ってから、ぐんぐんと成長し、気象学プログラムは、

NRC（National Research Council：米国学術研究会議）の大学院評価では、気象学分野で全米トップ3にランクされるに至っています。メリーランド大学は日本ではあまり知られていないかもしれませんが、こと気象学に関しては、全米トップクラスの大学院と評価されています。しかし、ここに安住してはすぐに落ちていってしまいますから、今回の評価は良かった、次にもっと上を目指すにはどうすればよいか、ということを教授会で話し合います。そして、気象学プログラムの戦略計画を見直し、世界最高の研究教育プログラムであり続けることを目指して、強みを生かし、弱みをみつけ、努力し続けます。しんどそう？　いえいえ、頑張ったら頑張っただけ評価されますから、報われる頑張りは、それほどしんどくないのです。

結局、アメリカの大学院ってどんなところ？高い意識をもって研究をするには、とてもいいところです。みんな研究が大好きで、最高の環境、最高の仲間とエキサイティングな研究をするために、自分のいる大学院をもっと良くしよう、変わり続けようと努力しています。良い学生、良い先生、良い卒業生、良い人の和をつくることを第一に据えているます。だから、高い意識をもった研究者、またその卵である学生には、居心地が良く、世界中から有能な人材が集まってくるのだろうと思います。ただし、これまで述べなかった負の側面として、試験に失敗して退学を余儀なくされた学生や、成果が出せなくて去ることになってしまった研究者などの存在があることを、忘れてはなりません。

編著者

第 2 章　台風の研究

筆保 弘徳（ふでやす ひろのり）

1975 年生まれ。横浜国立大学教育人間科学部准教授、東京学芸大学大学院連合学校教育学研究科主指導教員、慶應義塾大学理工学部非常勤講師。専門は気象学。編著書に『台風研究の最前線 上・下巻』日本気象学会出版、『Cyclones: Formation, Triggers and Control』NOVA Science Publishers。

第 6 章　水循環の研究

芳村 圭（よしむら けい）

1978 年生まれ。東京大学大気海洋研究所准教授。専門は同位体気象学。文部科学大臣表彰若手科学者賞など受賞。編著書に『気象学における水安定同位体比の利用』日本気象学会出版。

著者

第 1 章　温帯低気圧の研究

稲津 將（いなつ まさる）

1977 年生まれ。北海道大学大学院理学研究院准教授。専門は気象学。編著書に『地球惑星科学入門』（分担）北海道大学出版会。

第 3 章　竜巻の研究

吉野 純（よしの じゅん）

1976 年生まれ。岐阜大学大学院工学研究科准教授。専門は気象学・気象工学。土木学会海岸工学論文賞など多数受賞。大学初で唯一の気象予報業務（http://net.cive.gifu-u.ac.jp/）を実施中。

第 4 章　集中豪雨の研究

加藤 輝之（かとう てるゆき）

1964 年生まれ。気象庁気象研究所予報研究部室長、筑波大学大学院生命環境科学研究科教授（連携大学院）。専門は大気力学とメソ気象学。気象学会山本・正野論文賞など多数受賞。共著書に『豪雨・豪雪の気象学』朝倉書店、『The Global Monsoon System: Research and Forecast, Second Edition』World Scientific Press など。

第 5 章　梅雨の研究

茂木 耕作（もてき こうさく）

1976 年生まれ。海洋研究開発機構研究員。専門は気象学。著書に『梅雨前線の正体』東京堂出版。

Twitter:　https://twitter.com/motesaku（科学全般に興味のある方との交流）
Facebook: https://www.facebook.com/motesaku（気象研究に興味のある方との交流）
Blog:　「気象観測研究者のヒト・モノ観測」http://motesaku.hatenablog.com/

第 7 章　天気予報の研究

三好 建正（みよし たけまさ）

1977 年生まれ。理化学研究所計算科学研究機構データ同化研究チームリーダー、米国メリーランド大学大気海洋科学部客員教授。専門は数値天気予報とデータ同化。

天気《てんき》と気象《きしょう》についてわかっていることいないこと

2013年 4月25日　初版発行
2013年 8月29日　第5刷発行

編著者　筆保《ふでやす》 弘徳《ひろのり》・芳村《よしむら》 圭《けい》
著者　稲津《いなつ》 將《まさる》・吉野《よしの》 純《じゅん》・加藤《かとう》 輝之《てるゆき》
茂木《もてき》 耕作《こうさく》・三好《みよし》 建正《たけまさ》

DTP　WAVE 清水 康広
校正　曽根 信寿
カバーデザイン　福田 和雄（FUKUDA DESIGN）

発行者　内田 眞吾
発行・発売　ベレ出版
〒162-0832　東京都新宿区岩戸町12 レベッカビル
TEL.03-5225-4790 FAX.03-5225-4795
ホームページ　http://www.beret.co.jp/
振替 00180-7-104058

印刷　モリモト印刷株式会社
製本　根本製本株式会社

落丁本・乱丁本は小社編集部あてにお送りください。送料小社負担にてお取り替えします。

ISBN 978-4-86064-351-5 C0044　　編集担当　永瀬 敏章

地球について、まだわかっていないこと

山賀進 著

四六並製／定価 1575 円（5% 税込）本体 1500 円
ISBN978-4-86064-301-0 C2044　■ 272 頁

人類は、この地球上で快適に暮らすために、土地を拓き、海を埋め立て、建造物を築いてきました。その上で科学の力は欠かせないもので、気候や地震についてもかなりのことがわかってきました。しかしそれでも自然の圧倒的な力によって人々の営みが奪われることがあります。本書では、果たして私たちは地球について、今現在どこまで知っているのか、そして、どこまでまだわかっていないのかを整理していきます。

一冊で読む地球の歴史としくみ

山賀進 著

四六並製／定価 1785 円（5% 税込）本体 1700 円
ISBN978-4-86064-276-1 C2044　■ 344 頁

宇宙空間は完全な真空ではなく、希薄ながらも星間ガスが存在しています。その星間ガスは、超新星爆発によってまき散らされたものです。50 億年前に、その星間ガスの中でまず太陽が誕生し、数億年後に微惑星の衝突・合体から地球が誕生します。本書は、地球の生い立ちから現在の地球のシステムまでを一冊で完全網羅。ダイナミックな内容を一つ一つ丁寧にわかりやすく解説していきます。

学びなおすと地学はおもしろい

小川勇二郎 著

四六並製／定価 1575 円（5% 税込）本体 1500 円
ISBN978-4-86064-270-9 C2044　■ 192 頁

私たちの身のまわりには地学の話題があふれています。ちょっと回りを見渡しただけでも日本中には様々な地形や断層や岩などが見られます。私たちの足元には様々な形の地面が広がっていて、それらの歴史やメカニズムを知るのはとてもわくわくすることです。中学、高校の授業で興味を持てなかった人もそうでない人も、みんな「地学っておもしろい！」と思っていただける入門書です。